U0664467

绿化祖国山河　构建生态屏障

——长江流域等重点防护林体系建设工程二期成就

国家林业局造林绿化管理司 编

中国林业出版社

2007 年 4 月 14 日，胡锦涛同志在宁夏考察林业生态建设

2008 年 5 月 7 日，吴邦国同志在黔西南布依族苗族自治州考察生态建设情况

2007 年 8 月 16 日，温家宝同志在新疆考察林业工作

2009 年 12 月 23 日，贾庆林同志亲切会见“关注森林奖”代表

关注森
关注
关注
林奖
张维庆

2007 年 6 月 12 日，习近平同志与金山蟠桃大王马金林亲切握手

编 委 会

前言

挑战自然的伟大创举

——一个支点、一项决策、一条路径

当时空的画卷在我们的眼前缓缓展开，没有人不惊叹于眼前的景象。

一块块荒滩野坡披上绿装，一片片盐碱滩涂变成绿洲，曾经的无垠荒原如今是农家乐、度假村，曾经的不毛滩涂变成了滋养各种野生生命的乐园。

30年，一段足以让婴儿步入中年，让壮汉变为老叟的时间，一代代务林人以自己的青春、生命为代价，让这30年成为一段点石成金、化苍凉为神奇的历程，缔造了人类历史上举世无双的伟大创举。

长江流域防护林体系建设工程、珠江流域防护林体系建设工程、沿海防护林体系建设工程、全国平原绿化工程、太行山绿化工程……

一个个工程构架起盘踞中华大地的一条绿色巨龙，一个个工程构筑成一道道生态屏障，一个个工程建设成巍巍绿色长城……

一个个工程收获的是中华民族绿色崛起的绚烂绽放，给无限生机的中国作出最浓墨的注脚；开启的是华夏儿女战胜自然灾害，保护环境，与天地和谐发展的新篇章。

让我们搜索时空的坐标，回到30年前的原点，去回顾这一壮举，启动时那激动人心的时刻。

1978年，在邓小平同志的关怀下，党中央、国务院作出了工程绿化的战略决策，以此为支点，“三北”防护林体系建设工程、长江流域防护林体系建设工程、珠江流域防护林体系建设工程、沿海防护林体系建设工程、全国平原绿化工程、太行山绿化工程等陆续启动，开创了我国绿化体系工程建设史上的伟大创举，铸就历史伟大丰碑的新征程。

当国家实力不强，经济底子薄弱时，在我国半壁河山上实施一个个生态工程，将意味着怎样的严峻的挑战?

综合实力不断增强，经济结构持续优化，地域生态明显改善，社会经济水平不断提升。在漫漫历史长河中，亿万人民用孜孜不倦的努力和拼搏，建设美好幸福的绿色家园，将意味着破解怎样的“民生”考题?

让我们徜徉时空的隧道，穿越30年间的节点，去追溯这一条波澜壮阔的绿色发展路径。

让绿色愉悦民生，以绿色惠及民生，凭绿色提升民生。

30多年来，党中央、国务院始终把这一个个生态工程视为拓展生存空间的战略需要，实现各民族共同繁荣和经济社会可持续发展的战略需要，从改善生态环境、减少自然灾害，到实现民族团结、巩固国防，乃至促进区域经济发展、加快农民脱贫致富，以时间换空间，成功演绎了中国林业统筹发展、

和谐发展、科学发展的生动轨迹。

30 多年来，长江流域防护林体系建设工程、珠江流域防护林体系建设工程、沿海防护林体系建设工程、全国平原绿化工程、太行山绿化工程… 不断播种绿色的活力，不断焕发新的时代风采；

30 多年来，大江、山河、沿海、沙地、平原、丘陵，汇聚如此多元的丰富内涵，承载如此多重的殷切希望；

30 多年来，不断创造绿色崛起的新模式，不断突破瓶颈制约，在绿色发展共赢的理念中酝酿出一个个新战略、新思维，释放出强劲动力，实现了中国林业里程碑式的跨越。

第一个五年属于辉煌，

第二个五年属于辉煌，

第三个五年也必将成就辉煌……

面向未来，长江流域防护林体系建设工程、珠江流域防护林体系建设工程、沿海防护林体系建设工程、全国平原绿化工程、太行山绿化工程…… 已站在一个新的历史起点。

从直接关系全国人民的生存发展，到事关整个中华民族的生态安全，到人类生态文明的传承发展，

它们将肩负更多历史的神圣使命，

它们将实现更加辉煌的幸福愿景。

编者

2012 年 11 月

目录

综述

根据《国家经济和社会发展第十个五年计划纲要》的总体部署，国家林业局组织实施了长江、珠江流域防护林体系建设、全国沿海防护林体系建设、全国平原绿化、太行山绿化二期工程。

- 长江流域防护林体系建设二期工程以森林植被保护和恢复、调整优化结构、不断增强综合功能为主要任务，以“两湖两库”（即洞庭湖、鄱阳湖地区和三峡库区、丹江口库区）及南水北调工程沿线为重点，构建多树种、多林种、多功能的森林生态屏障。二期工程包括长江、淮河、钱塘江流域的汇水区域，涉及青海、西藏、甘肃、四川、云南、贵州、重庆、陕西、湖北、湖南、江西、安徽、河南、山东、江苏、浙江、上海 17 个省（自治区、直辖市）的 1035 个县（市、区），工程区总面积 216.1 万平方公里。

- 珠江流域防护林体系二期工程建设以加快植被恢复，增加森林资源为主要任务，以石漠化综合治理为重点，不断探索石漠化治理的有效途径，尽快构筑功能齐全、综合效益显著的珠江流域生态屏障。二期工程包括江西、湖南、云南、贵州、广西和广东 6 省（自治区）的 187 个县（市、区），工程区总面积 40.49 万平方公里。

烟台市福山区水源涵养林工程

● 全国沿海防护林体系建设二期工程，以增强抵御台风、风暴潮等自然灾害能力为核心，以沿海基干林带建设、红树林发展、农田防护林建设、滨海湿地保护、城乡绿化为重点，扩大建设规模，拓展内涵，提高质量，增强功能，构筑结构稳定、功能完备的万里海疆绿色屏障。二期工程北起辽宁的鸭绿江口，南至广西的北仑河口，大陆海岸线长 18340 公里，包括辽宁、河北、天津、山东、江苏、上海、浙江、福建、广东、广西、海南等 11 个沿海省（自治区、直辖市）及大连、青岛、宁波、深圳、厦门 5 个计划单列市的 261 个县（市、区），工程区总面积 44.7 万平方公里。

● 太行山绿化二期工程以尽快实现“黄龙”变“绿龙”为目标，实行封山育林禁牧、人工造林和低效林改造，加快森林植被恢复，推进生态经济型防护林体系建设。二期工程涉及北京、河北、山西、河南 4 省（直辖市）的 77 个县（市、区）和森林经营局，工程区总面积 8.4 万平方公里。

● 全国平原绿化二期工程，以建设布局合理、功能完备的平原农区生态屏障和比较发达的林业产业体系为目标，以农田防护林和村镇绿化为重点，以产权制度改革、大力发展非公有制林业为突破口，进一步加快平原绿化步伐，不断提高综合功能和效益，促进区域经济社会快速发展。二期工程涉及北京、天津、河北等 26 个省（自治区、直辖市）的 958 个县（市、区、旗），工程区总面积 214 万平方公里。

国家发展和改革委员会
国　家　林　业　局 文件

发改农经〔2008〕29 号

国家发展改革委、国家林业局关于印发
全国沿海防护林体系建设工程规划的通知

天津、河北、辽宁、上海、江苏、浙江、福建、山东、广东、广西、海南省(自治区、直辖市)人民政府,大连、宁波、厦门、青岛、深圳市人民政府:

《全国沿海防护林体系建设工程规划(2006－2015 年)》(以下简称《规划》)已经国务院同意,现印发给你们。请结合本地区实际,认真贯彻执行,并就做好《规划》实施工作意见通知如下:

一、沿海防护林体系是我国生态建设的重要内容,是沿海地区防灾减灾体系建设的重要组成部分。加快沿海防护林体系工程建设,对于抵御沿海地区重大自然灾害、保障人民生命财产安全、促进沿海地区经济社会可持续发展等具有十分重要的意义。有关省、自治区、直辖市、计划单列市要按照《规划》要求,进一步提高

— 1 —

认识,采取有力措施,认真做好《规划》实施工作,确保完成《规划》任务,实现预期目标。

二、工程建设实行"规划、目标、任务、资金、责任"五到省,地方各级人民政府要加强组织领导,落实责任,将沿海防护林体系建设的目标、任务、政策措施纳入本地区国民经济和社会发展规划,确保责任、政策、工作到位。工程建设投资以地方投入为主,并积极动员各种社会投资主体参与建设,中央给予适当扶持。

三、沿海各省、自治区、直辖市、计划单列市人民政府要根据《规划》制定本地区的沿海防护林体系建设工程规划,并报国家发展改革委、国家林业局备案。

附:一、国家发展改革委关于审批全国沿海防护林体系建设工程规划(送审稿)的请示(发改农经[2007]3218 号,不含附件)

二、《全国沿海防护林体系建设工程规划(2006－2015 年)》

二〇〇八年一月四日

— 2 —

2008 年 1 月,国家发改委和国家林业局联合印发沿海防护林规划文件

国家林业局文件

林计发〔2004〕171 号

国家林业局关于印发长江流域防护林体系等
4 个防护林二期工程规划的通知

各有关省、自治区、直辖市林业(农林)厅(局):

为贯彻落实《中共中央 国务院关于加快林业发展的决定》精神,确保六大林业重点工程的顺利实施,现将我局编制的《长江流域防护林体系建设二期工程规划》、《全国沿海防护林体系建设二期工程规划》、《太行山绿化二期工程规划》、《珠江流域防护林体系建设二期工程规划》等 4 个防护林二期工程规划(见附件)印发给你们,请结合当地的实际情况,认真组织实施。

附件:1. 长江流域防护林体系建设二期工程规划
2. 全国沿海防护林体系建设二期工程规划
3. 太行山绿化二期工程规划

— 1 —

4. 珠江流域防护林体系建设二期工程规划

二〇〇四年九月二十九日

附注:附件所列规划只发涉及的省(自治区、直辖市)和单位

主题词:防护林工程　规划通知

抄送:国家发展改革委,财政部,国家农业综合开发办。

本局发送:造林司。

国家林业局办公室　　2004 年 9 月 30 日印发

— 2 —

2004 年 9 月,国家林业局印发长江流域防护林等 4 个工程二期规划的通知

国家林业局文件

林计发〔2007〕22号

国家林业局关于印发《全国平原绿化工程建设规划(2006—2010年)》的通知

各有关省、自治区、直辖市林业厅(局):

为贯彻落实《中共中央 国务院关于加快林业发展的决定》精神,充分发挥林业在推进社会主义新农村建设中的重要作用和巨大潜力,推动平原绿化工作又好又快发展,现将我局编制的《全国平原绿化工程建设规划(2006—2010年)》(见附件)印发给你们,请结合当地的实际情况,认真组织实施。

附件:全国平原绿化工程建设规划(2006—2010年)

二○○七年一月二十九日

— 1 —

2007年1月,国家林业局印发《全国平原绿化工程建设规划》的通知

2005 年 5 月，全国沿海防护林体系建设座谈会在海南省海口市召开

2009 年 4 月，全国沿海防护林建设现场经验交流会在海南省三亚市召开

2004 年，太行山绿化工程建设现场经验交流会在山西省长治市召开

2008 年 5 月，全国平原林业建设现场会在河南省郑州市召开

一条中国特色的生态建设之路

——生态与民生协调发展的实践与探索

驭一时，谋万世。

长江等防护林体系建设工程不仅是一次全民参与生态建设的伟大实践，更是党中央、国务院实施生态文明战略意志的一次凝聚过程。

30年来，党中央、国务院始终将其作为一项社会系统工程，在顶层设计中，坚持国民幸福的核心目标，把这项工程作为改善生态环境，减少自然灾害，拓展生存空间的战略需要，作为实现各民族共同繁荣的战略需要，作为促进区域经济发展、加快农民脱贫致富、实现经济社会可持续发展的战略需要，在清醒认识和准确把握我国社会主义初级阶段人口多、底子薄、发展很不平衡的基本国情下，高度重视，谋篇布局，战略部署，用制度优势弥补经济劣势，充分体现了党和国家改善国土生态面貌的决心、意志和一心为民的执政理念。

邓小平、胡锦涛、温家宝、回良玉、万里等党和国家领导人对长江、沿海等防护林体系工程及林业建设，特别是林业改革发展都有非常重要的批示。

1983年，邓小平在考察大连时，多次指示：要加快沿海的绿化速度。

1987年2月9日，万里在中央绿化委员会第六次全体会议即将召开时指出：沿海防护林很重要，要用建设“三北”防护林的办法，营造起沿海绿色万里长城。这要当为一件大事去抓。

1991年5月22日，田纪云致信全国沿海防护林体系建设工作会议。

2005年4月30日，回良玉作出批示：“沿海防护林是我国生态建设的重要内容，是海啸和风暴潮等自然灾害防御体系的重要组成部分。望进一步明确任务，突出重点，采取有力的措施，切实把沿海的绿色屏障建设好。”

2005年5月28日，温家宝作出批示：“沿海防护林建设是我国生态建设的重要内容，是沿海地区防灾减灾体系建设的重要组成部分，应列入‘十一五’规划。《全国沿海防护林体系二期规划》的修订工作和《全国红树林保护和发展规划》的编制及相关立法工作要抓紧进行。”

2009年9月22日，胡锦涛在联合国气候变化峰会上提出，到2020年我国森林面积比2005年增加4000万公顷、森林蓄积量增加13亿立方米的“双增”目标。国家将森林覆盖率、森林蓄积量作为约束性指标纳入了“十二五”发展规划。

2011 年 9 月 6 日，胡锦涛在亚太经合组织首届林业部长级会议上，提出了发展现代林业、加快区域合作、实现绿色增长的要求。

近十年来，党中央、国务院相继颁发了《关于加快林业发展的决定》、《关于全面推进集体林权制度改革的意见》，召开了全国林业工作会议和首次中央林业工作会议，确立了以生态建设为主的林业发展战略，作出了建设生态文明的战略决策，明确了新时期林业的“四个地位”和“四大使命”。

这些重大决策和举措为我国林业改革发展指明了方向、增添了动力，推动现代林业建设取得了举世瞩目的伟大成就。

执政为民不仅是一种意愿，还是一种方法论。

30 年来，党中央、国务院总揽全局，协调各方，领导广大人民群众集中力量办大事，把工程建设由部门层面提升到政府层面，由行业行为拓展成为社会行为，一任接着一任干，一张蓝图绘到底，特别是把工程建设同亿万人民求生存、谋发展的强烈愿望结合起来，极其有效地调动了社会资源和生产要素流向林业建设领域，形成了团结协作、万众一心、共筑长城的良好局面，创造出了举世瞩目的建设成就。

只有准确的角度，才有速度的意义。

一期，二期，长江等防护林体系建设工程的重点内容是民生，关注点也是人民的幸福，站在这个视点上，工程建设者们无往而不胜，在中国大地上谱写了恢弘篇章，唱响了科学发展的时代强音。

如果说把国民幸福指数作为衡量国家发展进步的参照系数，那么实现人与自然和谐发展应该是其中最重要的参数之一，长江等防护林体系建设工程则是党中央、国务院统筹人与自然和谐发展的成功典范，是生态文明建设的伟大实践。

胡锦涛同志考察山东省菏泽市林业产业工作

温家宝同志考察宁夏回族自治区林业生态建设

习近平同志考察山西省青羊线万亩荒山绿化工程

李克强同志在河南省参加植树活动

回良玉同志（左二）在时任国家林业局局长贾治邦（前左三）、时任安徽省副省长赵树丛（前右二）、时任湖南省省长周强（右一）陪同下，在湖南省油茶种苗繁育基地视察油茶育苗情况

全国政协副主席张梅颖在浙江省龙泉县植树

时任国家林业局局长周生贤（现任环境保护部部长，前左二），考察浙江省瑞安县沿海基干林带

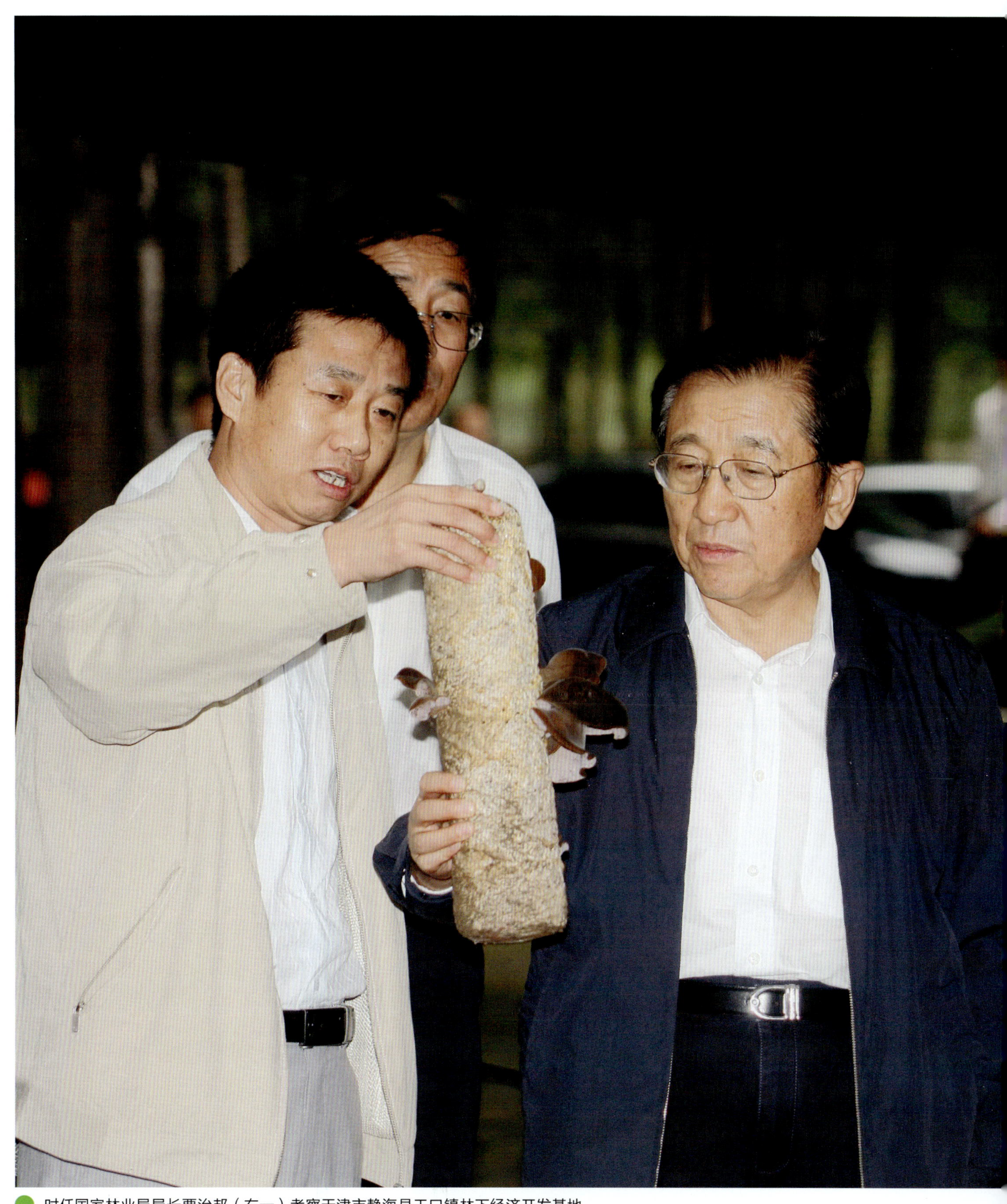

时任国家林业局局长贾治邦（右一）考察天津市静海县王口镇林下经济开发基地

时任安徽省副省长、现任国家林业局局长赵树丛（右一）在安徽省农户家中调研林业改革发展情况

国家林业局副局长张建龙（右二）考察山西省太行山绿化工程

国家林业局副局长印红（左二）在云南省文山壮族苗族自治州油茶中心苗圃调研

国家林业局副局长张永利（左三）在北京市考察林业有害生物防治工作

国家林业局原副局长李育材（左三）在河南省考察太行山区经济林建设

国家林业局原副局长祝列克（左二）在山东省菏泽市调研平原林业

天津市副市长李文喜考察武清区林业

内蒙古自治区党委书记胡春华（左）、自治区主席巴特尔（右）参加义务植树

吉林省委书记孙政才（前左三），省长王儒林，省委常委、长春市委书记高广滨，省林业厅厅长张德新等领导参加义务植树

黑龙江省委书记吉炳轩参加义务植树

黑龙江省省长王宪魁参加义务植树

上海市市长韩正（左二）考察崇明县林业，了解明珠湖水源涵养林建设情况

时任江苏省省委书记梁宝华考察江都种苗基地

浙江省委副书记、省长夏宝龙考察龙泉市容器苗基地

江西省委书记苏荣到高安新街景贤村考察农田林网建设

时任江西省省长吴新雄考察高安市平原造林

山东省省长姜大明考察东营市三网绿化

河南省委书记卢展工、省委常委连维良、河南省林业厅厅长王照平考察造林绿化工作

湖北省委常委张昌尔、副省长赵斌到油茶良种繁育基地五峰苗圃考察

湖南省副省长徐明华在省林业厅副厅长唐苗生陪同下考察郴州市宜章县珠江防护林工程

中共中央政治局委员、广东省委书记汪洋参加植树活动

广西壮族自治区党委书记郭声琨参加植树活动

广西壮族自治区主席马飚参加植树

四川省委书记刘奇葆（中）与省林业厅厅长王平（右一）在郫县新民场镇参加植树活动

时任海南省省委书记卫留成在植树

海南省省委书记罗保铭参加海防林植树

云南省省委书记秦光荣、副省长孔垂柱、国家发改委副主任杜鹰在文山壮族苗族自治州调研石漠化地区防护林体系建设情况

云南省省长李纪恒考察龙陵县防护林工程

青海省委书记强卫在大南山生态绿色屏障小西山绿化区参加义务植树活动

宁夏回族自治区主席王正伟调研泾源县林下育苗

新疆维吾尔自治区党委书记张春贤与国家林业局原副局长祝列克、自治区林业厅党委书记张小平参加义务植树

新疆维吾尔自治区主席努尔・白克力与自治区林业厅厅长尼加提・马合木提一起植树

雄关漫道真如铁

——见证生态转变的奇迹

荒沙滩、盐碱地，方圆十里草木不生、周遭百里人烟罔见……

30年前，在工程区，这样的景象随处可见。古诗中“长河落日”的浪漫，落到现实中只剩一地的苍凉。

千百年来，干旱、风沙危害和水土流失肆意凌虐着工程区的苍生，各种生态灾难的叠加，导致当地百姓长期处于贫穷落后的境地，地区的经济和社会发展受到严重制约，中华民族的生存和发展面临严峻挑战……

值此关键时刻，肩负重大历史使命，长江防护林体系建设工程、珠江防护林体系建设工程、沿海防护林体系建设工程、全国平原绿化工程、太行山绿化工程等，一项项人类历史上伟大的改造自然工程横空而出，自此，华夏大地上开始挥写扩绿、治沙、固土、保水、护田多举措并举的造林绿化史诗。

30年弹指一挥间，如今工程区防护林体系框架基本形成，生态系统得到初步修复，构筑起一道绿色屏障。区域内的人居环境和生态状况得到改善；国家生态安全、粮食安全得到维护；各民族共同繁荣得以促进；经济社会发展得以实现。

让我们共同来盘点这难忘的瞬间，把这场挑战人类想象极限的与自然之争的壮举定格，看一看工程区里悄然发生的翻天覆地变化。

2001～2010年，工程累计完成营造林499.28万公顷，其中人工造林252.64万公顷，飞播造林19万公顷，封山育林227.64万公顷；另外完成低效防护林改造32.81万公顷，工程建设取得了明显的生态、经济和社会效益。

●工程区水土流失得到一定遏制，局部地区生态状况明显改善。据最新调查结果，长江、珠江流域森林覆盖率已达到30.53%和39.91%，比工程实施前分别增加了3.3个百分点和4.89个百分点。森林保持水土、涵养水源的功能不断增强，水土流失程度逐年下降。

●工程质量明显提高，林种树种结构不断优化。按照“质为先”的营造林方针，长江等防护林工程“三率”（面积核实率、合格率、平均成活率）一直保持在95%、90%、85%以上，创历史最高水平。防护林、混交林比例分别占人工林面积的70%、50%以上。一些地区通过低效防护林改造使林分结构得到优化，森林质量、林地生产力和森林综合效益显著提高。

●促进区域经济发展，增加了农民收入。建设了一批用材林、经济林、薪炭林基地，为农民增收提供了新的经济增长点，一大批农户通过直接参加工程建设和大力发展经济林果业走上致富路。依托森林资源，不仅带动了养殖、种植业发展，而且促进了木材加工、森林食品、森林旅游等相关产业发展，带动了区域经济发展。

●为构建重点地区的防灾减灾体系和农业稳产高产提供了保障条件。营造了功能各异的防护林，初步建立起具有区域特色的生态屏障。通过高标准农田林网建设，农田林网控制面积由 2000 年的 3100 多万公顷增加到现在的 3400 多万公顷，控制率由 67% 提高到 74%，基本构建起了全国农田防护林体系的初步框架。沿海防护林工程新造或更新海岸基干林带 7884 公里，使海岸基干林带初步实现了合拢，极大增强了抵御台风、风沙、海潮、海雾等自然灾害的能力。

●加快生态文明村建设，促进城乡绿化一体化发展。通过大力发展村屯“四旁”植树，积极开展生态文明村建设，加快了城乡绿化一体化进程，促进了农村小康社会发展。一些沿江沿海地区率先实现了农田林网化、城市园林化、通道林荫化、庭院花果化，形成了“村在林中、院在树中、人在绿中”的农村绿化新格局。

山东省烟台市 一莱州市沿海防护林带

1 2
3 4

1 北京市长沟后山景观
2 北京市张凤楼
3 北京市长青路
4 北京市栗园村西

1 | 3
2 |

1 天津市津蓟高速公路宝坻区段两侧绿化
2 天津市京津高速农垦集团段两侧绿化
3 河北省秦皇岛市海滨林场沿海防护林带

1 | 2
3

1 山西省安泽县生态经济型林业魅力凸显

2 内蒙古自治区原始樟子松林

3 山西省屯留县麟绛镇刘家坪村林网

吉林省铁路两侧绿化

1	2
3	4

1 黑龙江省肇州县乡路绿化

2 黑龙江省齐齐哈尔市青年林场银中杨用材林

3 上海市崇明县绿华镇桃源水乡水源涵养林

4 上海市奉贤区庄行镇浦秀村黄浦江水源涵养林

浙江省台州市路桥区平原农田林网

宁波市新围海塘造林

安徽省宿州市林下经济

1	2
3

1 福建省厦门鼓浪屿菽庄花园

2 福建省福鼎市嵛山岛沿海防护林造林

3 江西省安远县 2006 年桉树原料林基地

1 2 3

1 山东省东阿县农田林网

2 山东省滨博高速淄川段绿化林带

3 山东省莱芜市钢城区辛庄镇丘陵绿化，以扁桃为主的经济林

河南省商丘市梁园区黄河故道骨干防护林带，林下套种油菜

1	3
2	4

1 湖北省咸宁市咸安区汀泗镇长防林工程营造的毛竹林

2 湖北省南漳县武安镇申家嘴村蛮河流域防护林

3 湖南省益阳市大通湖区渠道绿化

4 湖南省华容县公路绿化

2 1
3

1 广东省韶关市、清远市（航拍珠江防护林）

2 广东省深圳市龙岗区南澳西冲沿海防护林木麻黄林带

3 广西壮族自治区融水县2003年度“珠防林”工程封山育林成效

1	2
3	4

1 海南省生态村绿化
2 重庆市万州铁峰山天然林区
3 重庆开县满月槽长防林工程区
4 贵州省安龙县农民种植金银花有效防治水土流失、又实现了经济效益的增长

云南省保山市龙陵县村寨防护林景象——山中有林，林中有屋，林屋相映

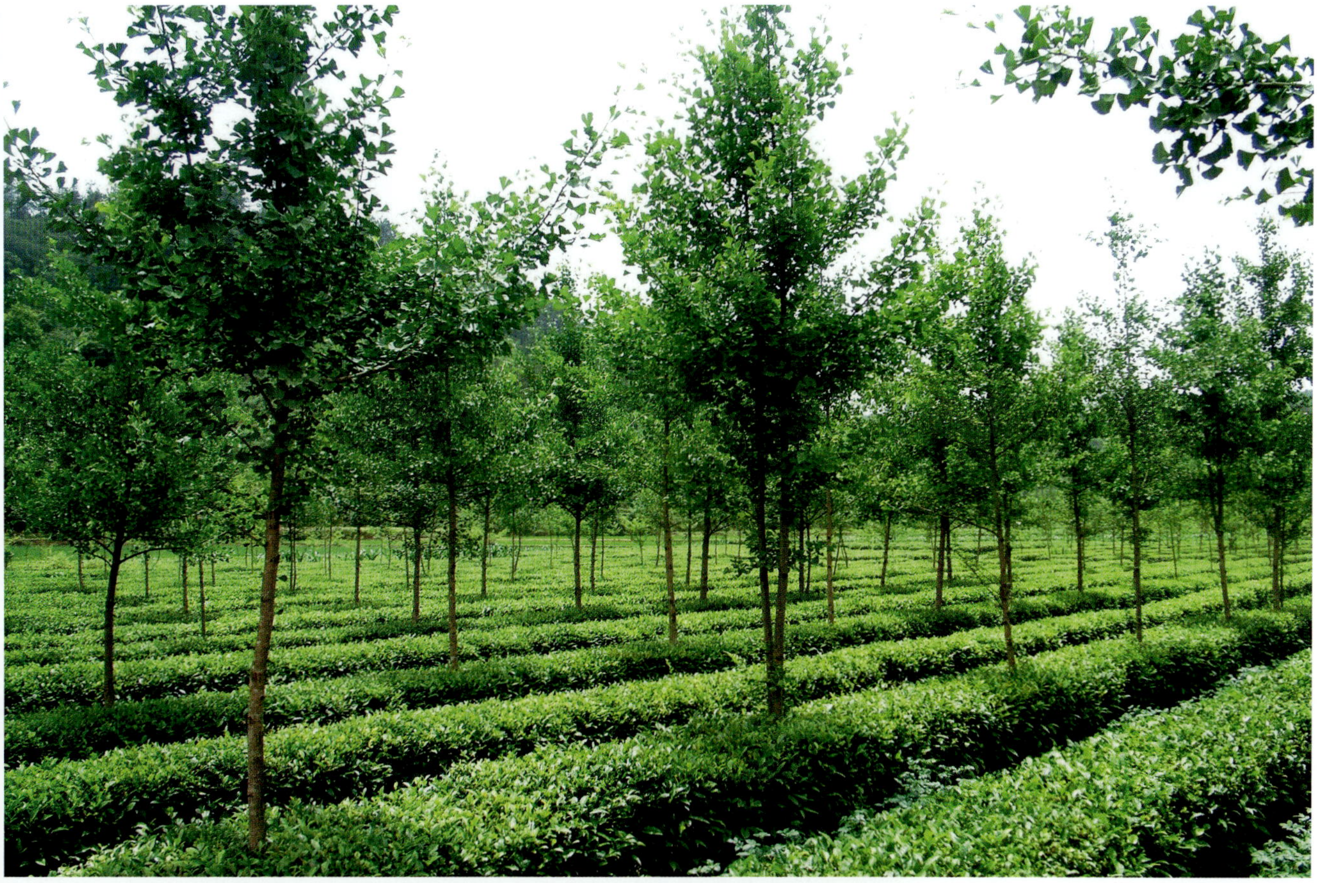

1	2
	3

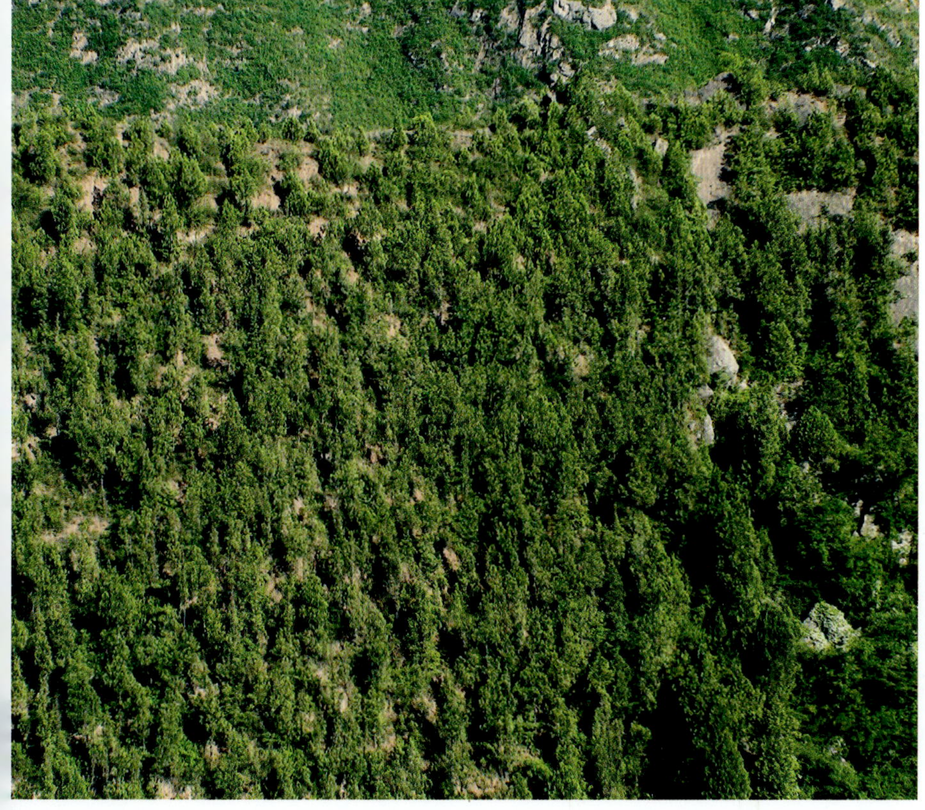

1 西藏自治区贡嘎县雅鲁藏布江沿岸防护林
2 陕西省林茶间作
3 甘肃省陇南市康县平洛镇团庄村侧柏基地

宁夏回族自治区中部干旱带新建设的枸杞基地

新疆维吾尔自治区和田地区绿色长廊

新疆维吾尔自治区农田防护林

为有源头活水来

——工程区蓬勃而生的各类林业产业

民生为本，民心为上。

新形势，新任务，中国林业要扛起生态与民生两面大旗。说到底，林业发展就是为了民生，民生就是从百姓最迫切、最关心的事上找突破。

30 年，无论是长江防护林体系建设工程，还是沿海防护林体系建设工程，乃至珠江流域防护林体系建设工程、太行山绿化工程和平原绿化工程，它们最伟大的实践，不仅是突破了劳动力、林地等要素的瓶颈制约，更重要的是融入了绿色与发展共赢的理念，加快了林业产业化进程，铺就了兴林富民的道路，勾勒出的是一条林业产业的科学发展轨迹。

30 年的实践证明，无论是从要素的拉动还是到创新的驱动，造一片林子，富一方百姓，才是林业发展的“加速度”。

30 年的实践证明，在每一个工程区，由生态体系和产业体系共同构建起的一艘艘“航空母舰”，它们所承载的，是中国生态改善和产业兴旺的希望。二者是林业建设的两翼，齐头并进、相辅相成，缺了哪一个，都是残缺不全的林业。

30 年来，共创财富、共享成果、共建和谐，无论是长江防护林体系建设工程，还是沿海防护林体系建设工程，乃至珠江流域防护林体系建设工程、太行山绿化工程和平原绿化工程，不但成为一项宏伟的林业生态工程，也更成为一项广泛的社会工程。

30 年来，增软实力、强硬功夫，时刻不忘把工程建设同地方经济发展和人民群众脱贫致富结合起来，培育了大批林业产业资源，促进了农民增收和区域经济发展，实现了生态建设和经济发展的良性互动。

● 沿海防护林体系建设工程。工程区发展用材林 497 万公顷、经济林 468 万公顷，建设了一批小枣、冬枣、龙眼、荔枝、椰子等特色经济林和杨树、桉树等用材林基地；大连、烟台、威海、青岛、宁波、厦门、深圳、三亚等绿色的环绕城市已成为人们向往的旅游胜地。2010 年工程区林业产值已达 1837 亿元，比 2005 年增加了 771 亿元。

●太行山绿化工程。工程区产值由2000年的32亿元增加到2010年的72亿元，增长了2.52倍；因地制宜地建设了红枣、核桃、板栗、连翘、花椒等特色经济林产业基地，农民年人均纯收入达4381元，比工程实施前增加一倍，其中林果收入由231元提高到了469元；初步形成林产品资源生产基地，以及加工、包装、储运、销售等第三产业的一条龙服务体系。森林资源的保护和增加，美化了环境，净化了空气，使太行山旅游资源得到了挖掘和丰富。

●平原绿化工程。工程区发展经济林468万公顷、用材林673万公顷。各地因地制宜，采取林粮、林果、林菜、林药、林草间作等多种农林复合经营方式，大力发展速生丰产用材林、名特优新经济林，有力地促进了平原地区农村产业结构调整，增加了农民收入。平原地区不仅是我国粮食生产基地，也是我国重要的木材及林副产品生产基地。

●促进区域经济发展。以林副产品为主的种植业、养殖业、加工业、流通业、生态旅游业等在工程区蓬勃兴起，一大批特色突出、布局合理、具有较强竞争优势的林业产业带和产业集群快速崛起，成为振兴农村经济、促进社会和谐的新增长点。

●人民群众得到实惠。工程区内的用材林、经济林、薪炭林基地，为农民增收提供了新的增收途径，一大批农户通过直接参加工程建设和大力发展经济林果业，得到了实实在在的利益，林果业收入已经成为农民收入的重要来源，对农村经济的支撑作用不断增强，成为农民致富奔小康的希望。

天津市蓟县西龙虎峪镇葡萄丰收了

天津市静海县西翟庄镇金丝小枣间作棉花双丰收

天津市蓟县上仓镇林下种植黑木耳，林农快速致富

1 天津市大港区，冬枣满枝头

2 天津市武清区港北森林公园

1 天津市宝坻区牛家牌乡杨树速生丰产林
2 天津市宁河县林棉间作

1 | 2
3

1 河北省阜城县特产杏梅
2 河北省阜城县杏梅硕果累累
3 河北省平原林下经济发展

1 山西省广灵县杨树下种植黄花菜
2 山西省屯留县城南百米大道，林下套种大豆
3 山西省运城市稷山县平原地区枣粮间作

内蒙古自治区机械化苗圃建设

1
2 3

1 吉林省林业经济 —— 蓝莓果
2 吉林省林业经济 —— 板栗园
3 吉林省九星寒富苹果基地

上海崇明县绿华镇柑橘经济林

安徽省太和县双浮镇林药间种

山东省淄博市沂源县优质果品基地建设

1 | 2
3

1 河南省新乡市长垣县生产的玛瑙葡萄
2 河南省新乡市卫辉市唐庄镇万亩桃园结硕果
3 河南省商丘市宁陵县石桥镇群众采收金顶谢花酥梨

1 河南省商丘市虞城县田庙乡林下养殖
2 河南省信阳市淮滨县林牧复合经营
3 湖北省孝感市孝昌县林业经济

湖北省阳新县营造的板栗林

湖南省南县林下养殖 —— 杨树林下养殖良种鹅

贵州省安龙县种植经济作物，既有效防治水土流失又增加了农民收入

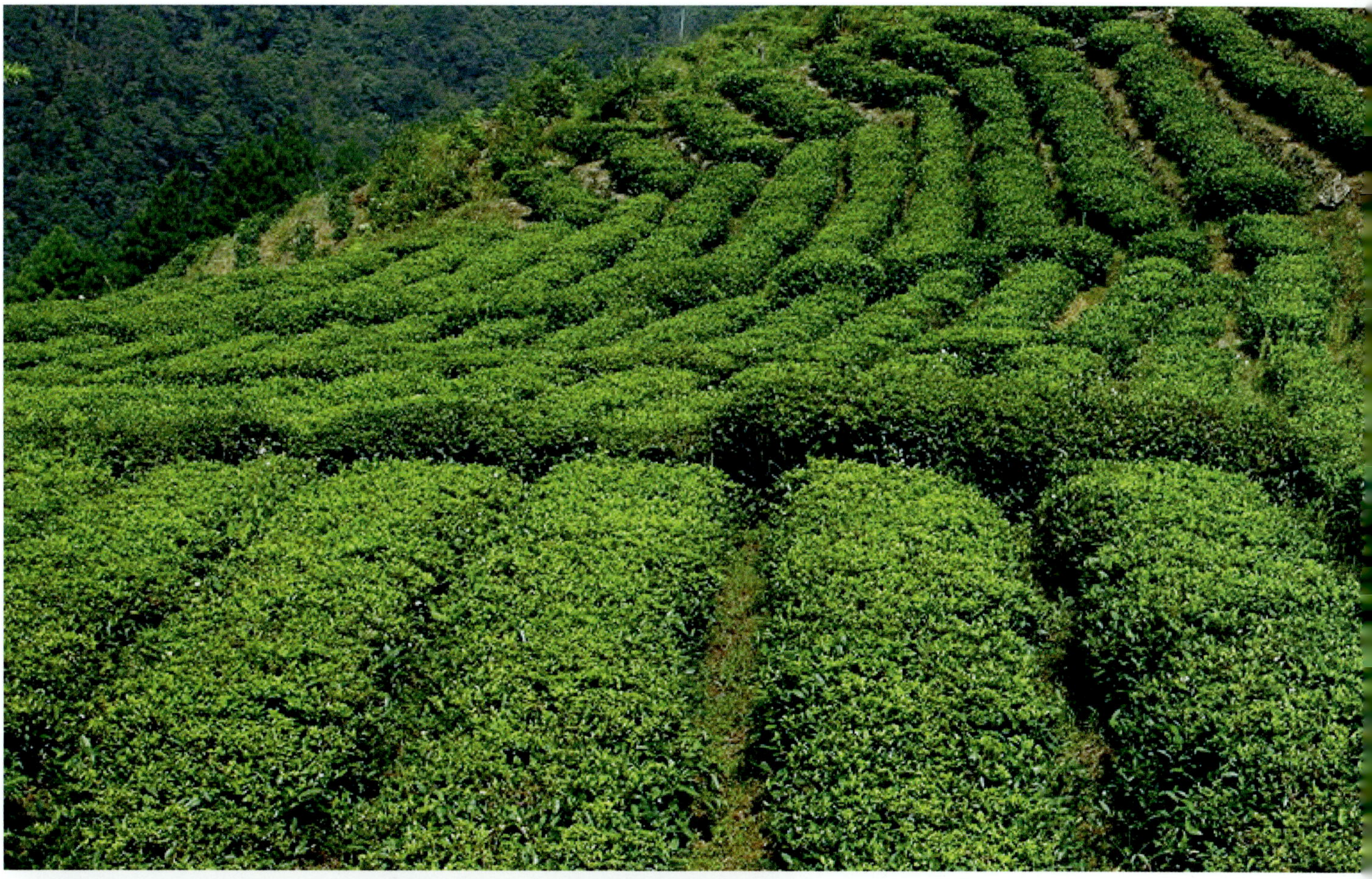

1
2

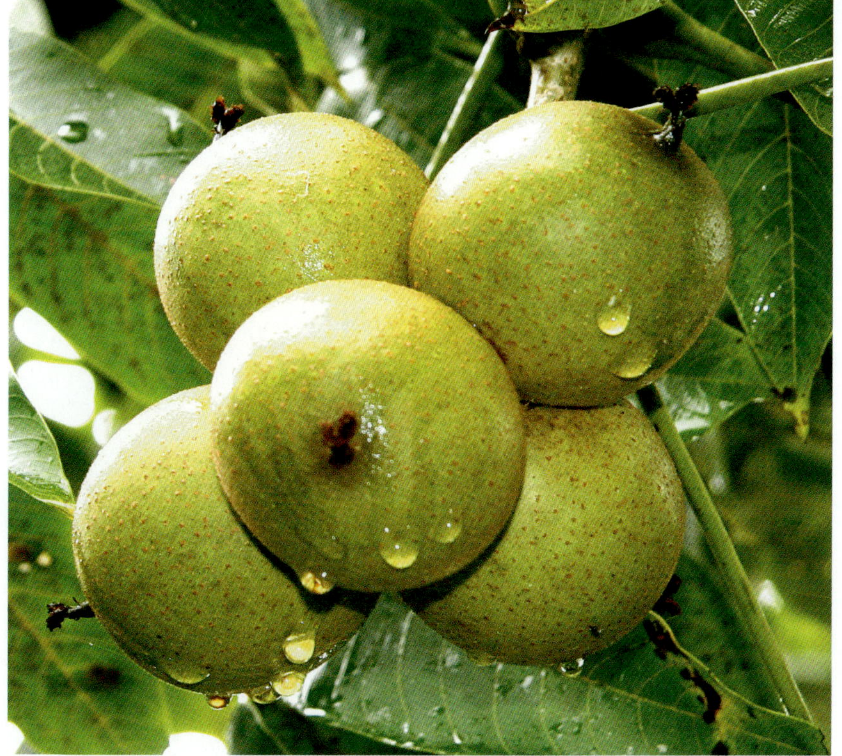

1 贵州省独山县“珠防林”工程茶园种植
2 云南省保山市施甸县核桃

1
2 3

1 云南省腾冲县西山坝防护林种苗繁育基地
2 云南省保山市施甸县防护林工程板栗丰收
3 云南省双虹实业有限责任公司生产的绿色食品“油茶王”

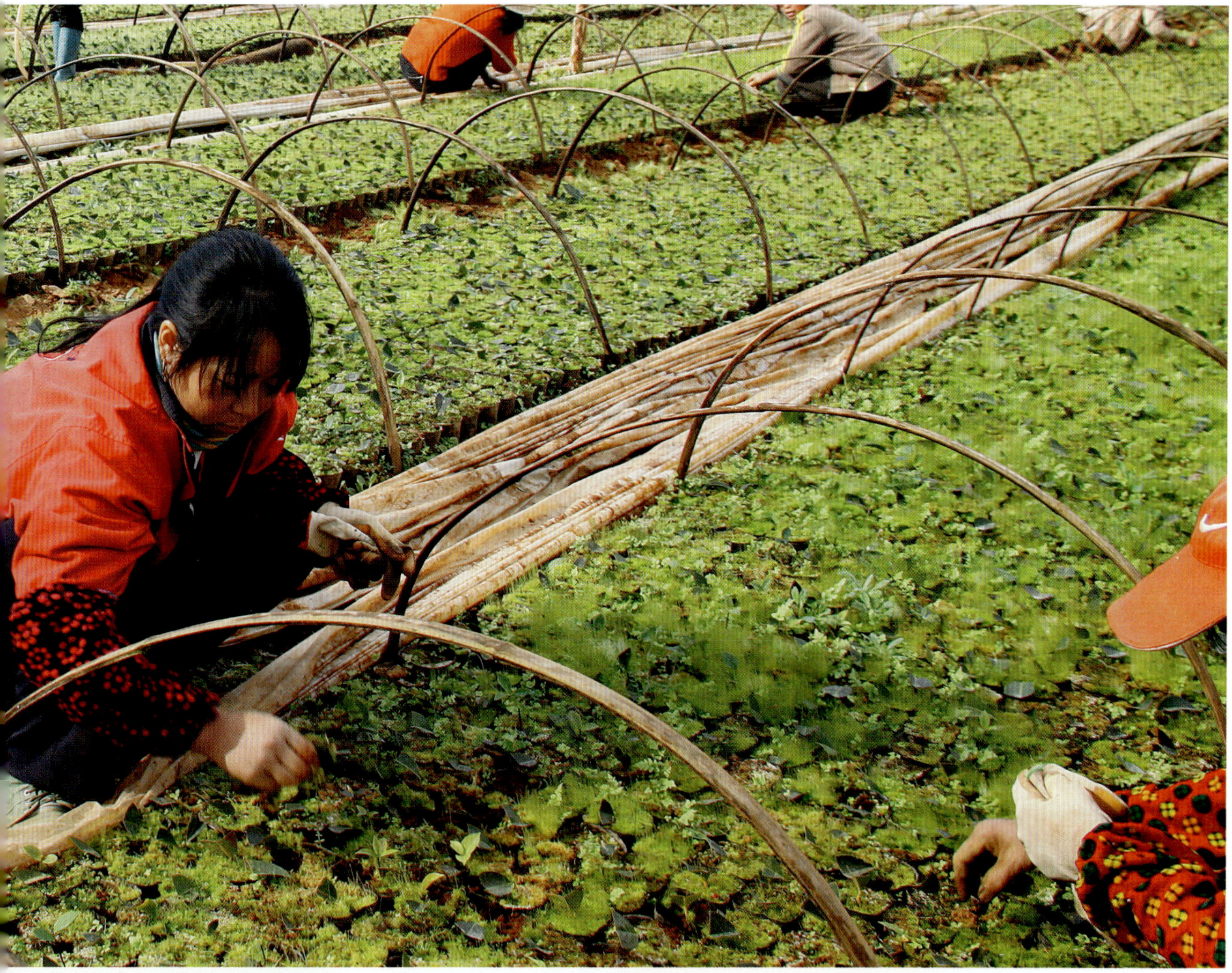

茶油王
云南山茶甲天下
茶油王
云南山茶甲天下 美誉腾虹茶油王
茶油王
净含量：500ml
茶油王
净含量：500ml

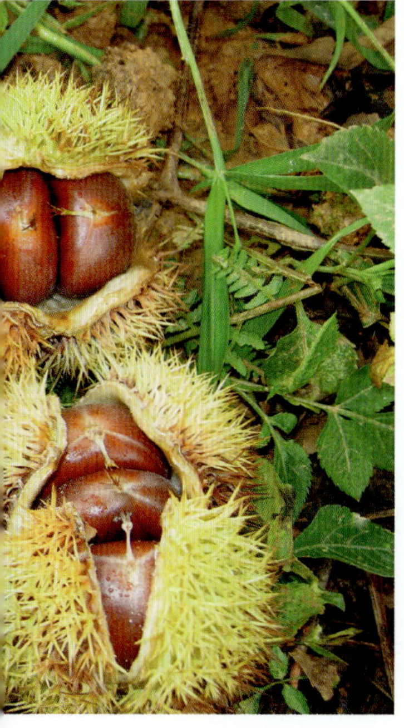

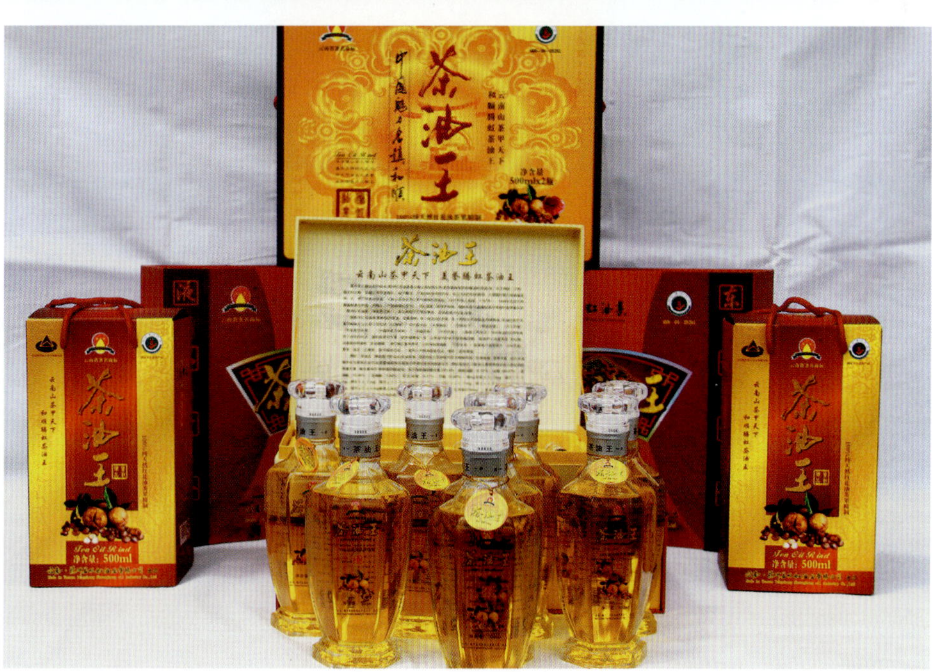

陕西省茶园飘香

1 甘肃省文县果农喜摘脐橙
2 新疆吐鲁番的葡萄熟了

1 新疆维吾尔自治区伊犁州伊宁县发展果园林下养殖业
2 新疆维吾尔自治区伊犁州尼勒克县发展林下养鹅
3 新疆维吾尔自治区生产的核桃

新疆维吾尔自治区果农收获葡萄

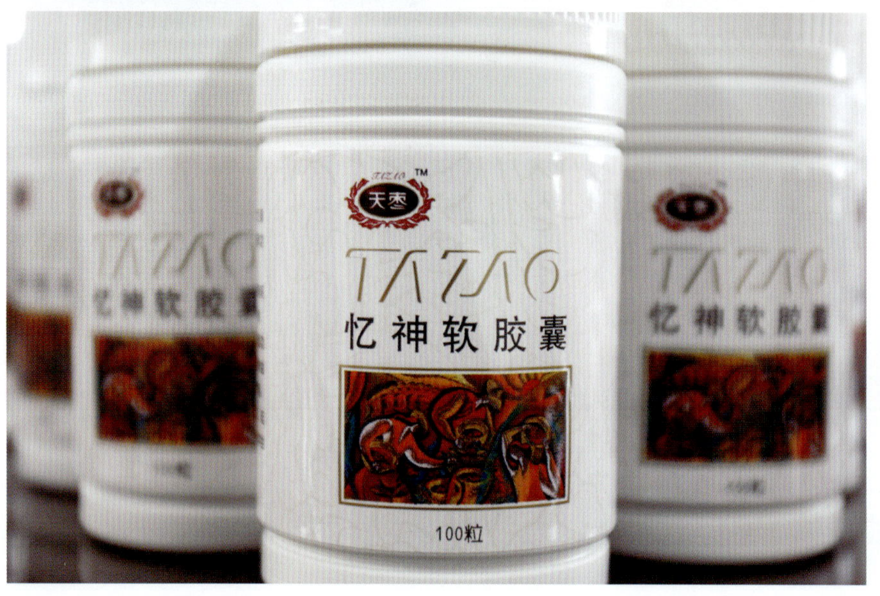
天枣
忆神软胶囊
100粒

1
2 3

1 新疆维吾尔自治区巴州轮台华隆杏产业加工生产流水线
2 新疆维吾尔自治区红枣深加工产品
3 新疆维吾尔自治区香梨深加工

不尽长江滚滚来

——与变革伴生的经验与财富

从荒漠滩涂到如今绿茵遍地、华盖如云；从青黄不接到如今瓜果满地、稻谷飘香；从白手起家摸着石头过河，到如今建立一套全面、科学的体系和模式。一代代务林人，以智慧和勇气，探索出了一条条科学路径，为世界增添了一个又一个人类历史上的奇迹。

这其中发展的内生动力是什么?

答案毋庸置疑：改革创新，探索走出一条中国林业科学发展、跨越发展、和谐发展的新路子。

“改革”定位，从工程之初就已确立。工程上马时，面对重重不利与劣势，国务院成立了由各有关部门和各有关省（自治区、直辖市）党政主要领导组成了工程领导小组，并层层延伸。这种领导体制把工程建设由部门层面提升到政府层面，由行业行为拓展成为社会行为，形成了一任接着一任干，一张蓝图绘到底的格局。

“改革”合力，来自社会主义制度的优势力量。把工程建设同亿万人民求生存、谋发展的强烈愿望结合起来，把国家的重点工程交给农民来办的做法，调动社会资源和生产要素流向林业建设领域，为工程建设注入活力，增添动力，积蓄潜力。正是凭借这种独一无二的社会主义制度的力量和优势，才完成了这一其他任何国家都难以想象的艰巨任务，最终成就了伟大辉煌的创举，缔造出世人观止的伟大成就。

“改革”宗旨，紧扣时代脉搏体现时代精神，是“超常规、跨越式”发展的动力源。

30 年来，根据不同时期、不同阶段国民经济和社会发展的重点，工程建设有计划、有重点、有步骤地调整、推进。从强化各级政府的目标责任制，到确定“五长”（省长、市长、县长、乡长、村长）工程建设负责制和干部任期绿化目标责任制，在摸索中建立了目标明确到省、任务分配到省、投资下达到省、责任落实到省的制度，保证了工程建设又快又好发展。

改革无止境。

在 30 年艰苦创业的历程中，各地不断提升改革与创新，实现绿色崛起、跨越奋进。

在 30 年的实践中，各地不断积累丰富的经验，走出了一条中国特色的林业生态建设路子：

一是根据我国财力有限的具体情况，建立了国家补助、地方配套、多方集资、群众投劳的工程建设投入机制；

二是根据不同阶段的社会经济情况，深化改革，完善政策，激发广大群众和各行各业建设工程的积极性，形成源源不断的强大合力；

三是强化政府行为，把生态治理上升为国家有组织、有计划的行动，集中力量办大事，充分发挥社会主义制度的优越性；

四是建设生态经济型防护林体系，把森林的生态功能和经济功能有相结合起来，把工程建设同群众的切身利益紧密结合，同振兴地方经济和脱贫致富紧密结合，让群众在生态建设过程中得到实实在在的经济利益；

五是因地制宜、因害设防，兼顾林业建设的长短效益，采取林片网结合、乔灌草结合、多林种结合、多树种结合，实行山水田林路综合治理，促进林业全面发展。

云南省昌宁县防护林建设成效

01

北京市

BEIJING

2009年长沟景观

北京市委、市政府紧紧围绕“人文北京、科技北京、绿色北京”、“建生态城市、宜居城市”的目标，认真落实“生态园林、科技园林、人文园林”发展理念，以平原绿化、太行山绿化等重大绿化工程建设为平台，全面推进生态、产业、安全、文化、服务五大体系建设，加快城乡园林绿化建设步伐。2010 年，全市森林覆盖率已达到 37%，城市绿化覆盖率达到 45%，人均公共绿地达到 15 平方米，对优化首都生态环境、提升城市形象、推动经济发展、促进兴林富民发挥了重要作用。

北京市太行山绿化二期工程，涉及房山、丰台、海淀、石景山 4 个区，2001~2010 年完成造林绿化任务 5.94 万公顷，超额完成国家下达 3.25 万公顷计划任务的 82.7%，取得了显著成效：一是增加了森林资源，改善了生态环境，干旱、洪涝等自然灾害明显减少。工程区新增森林面积 4.5 万公顷，森林覆盖率从 2000 年的 18.2%增长到 27.22%。二是丰富了旅游资源，美化了旅游环境，许多旅游区形成了各具特色的森林景观。三是增加了林果收入，富裕了山区农民。太行山区果树面积达 1.8 万公顷，果品收入超过 2 亿元，农民林果收入显著增长。四是加强了后期管护，提升了林分质量。4 万多名山区农民上岗务林，实现了山区农民由“靠山吃山”向“养山就业”的重大转变和林业建设由造林向营林的根本转变，提升了山区生态屏障建设水平。五是提高了生态文明意识，推动了全民建绿，一个“爱绿、植绿、护绿”、崇尚生态、崇尚自然的社会氛围正在形成。

1	2
	3

1 京西神泉
2 已结果的柿子树
3 六环路通道绿化

1 2 3

1 西庄店片林
2 丰台千灵山
3 蒲洼封山育林

02

天津市
TIANJIN

武清区汉沽港镇小网格林网

天津市地处华北平原的东北部，北依燕山，东临渤海。近年来，天津市委、市政府大力实施平原绿化、沿海防护林等重点防林护林工程建设，取得了显著成效。

平原绿化工程

天津市平原绿化二期工程实施期间，共投入资金 18.86 亿元，其中中央投资 1.18 亿元，平原区共完成造林 10.9 万公顷，为规划任务的 133%。全市平原地区有林地面积已经达到 15.05 万公顷，森林覆盖率达到 14.72%，林木绿化率达到 16.94%，森林覆盖率比二期工程实施初增加了 3.32 个百分点。

全市平原地区林网化程度已达到 80% 以上，完善的农田防护林体系改善了农业生产条件，提高了农业综合生产能力，西北部的沙化土地减少了 5336 公顷，部分沙化土地已经由沙化耕地转变成了稳产农田。速生丰产用材林、经济林的建设以及林农、林苗、林药、林牧、林菌等多种复合经营模式的推行，促进了农业产业结构调整和农村种养殖业的发展，增加了农民的收入，加快了农村经济的发展。

沿海防护林体系建设工程

天津市沿海防护林工程涉及塘沽、汉沽等 7 个县区，海岸线长度 153.7 公里。“十一五”期间，全市沿海防护林工程共投入 4.57 亿元，累计完成造林 2.93 万公顷，占计划任务的 115.5% ，工程区有林地面积由 6.3 万公顷增加到 8.07 万公顷；林木覆盖率由 11.6% 增加到 15.5%。工程建设改善了区域生态状况，增强了抵御自然灾害的能力，通过发展经济林及林下经济，有效增加了农民的收入。

1 武清区下伍旗镇乡村公路旁挺拔的毛白杨

2 武清区下伍旗乡，昔日沙地，今日绿洲

3 西青区张窝镇造林现场

1 | 2 / 3

1 武清区港北森林公园

2 津滨高速公路东丽区段两侧绿化，树种分层，高低错落，色彩多样

1
2 | 3

1 武清区大黄堡湿地
2 宝坻区牛家牌乡林下养蜂
3 宝坻区新开口镇造林前苗木处理

03 河北省 HEBEI

昌黎县滦河沿线防护林带

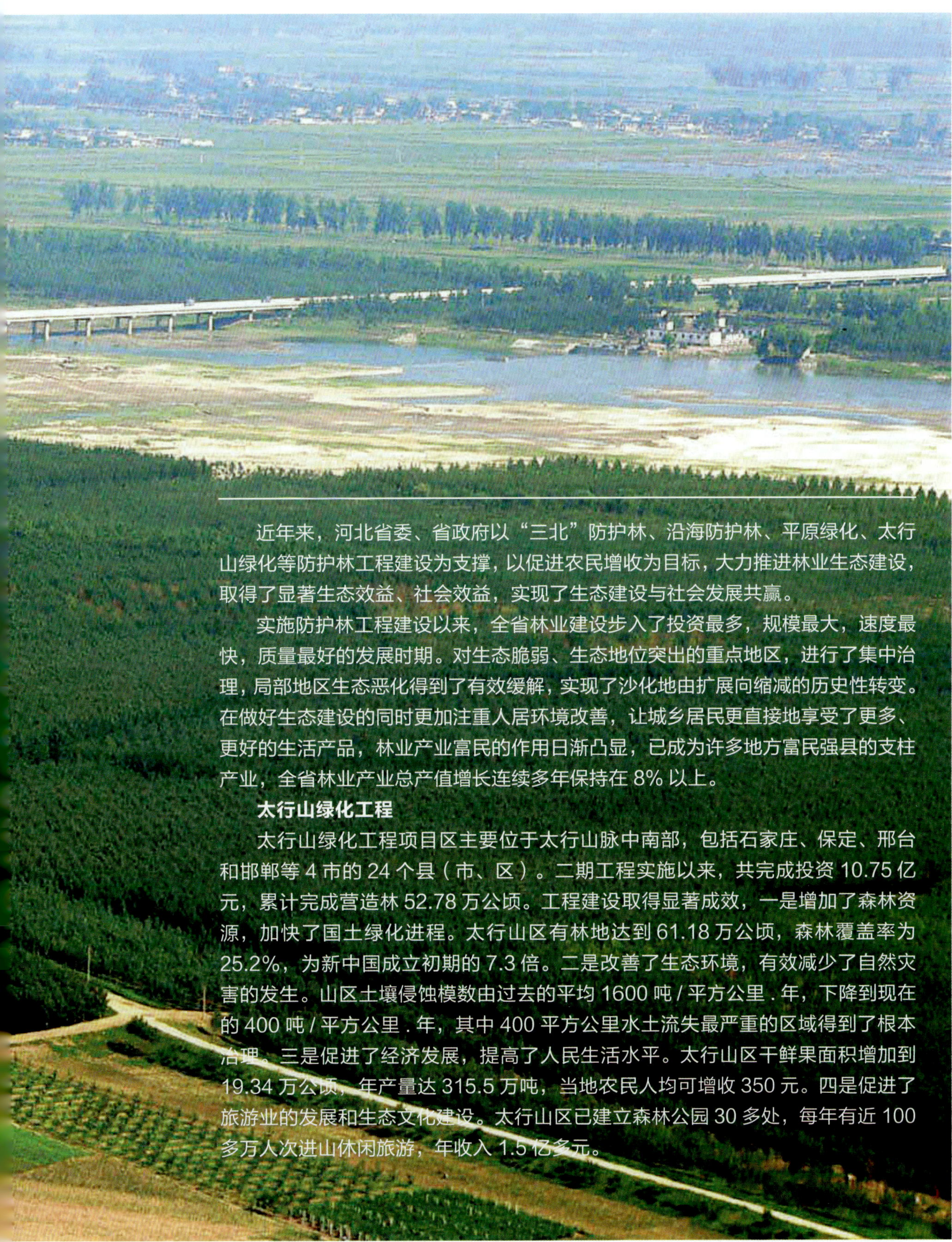

近年来，河北省委、省政府以"三北"防护林、沿海防护林、平原绿化、太行山绿化等防护林工程建设为支撑，以促进农民增收为目标，大力推进林业生态建设，取得了显著生态效益、社会效益，实现了生态建设与社会发展共赢。

实施防护林工程建设以来，全省林业建设步入了投资最多，规模最大，速度最快，质量最好的发展时期。对生态脆弱、生态地位突出的重点地区，进行了集中治理，局部地区生态恶化得到了有效缓解，实现了沙化地由扩展向缩减的历史性转变。在做好生态建设的同时更加注重人居环境改善，让城乡居民更直接地享受了更多、更好的生活产品，林业产业富民的作用日渐凸显，已成为许多地方富民强县的支柱产业，全省林业产业总产值增长连续多年保持在 8% 以上。

太行山绿化工程

太行山绿化工程项目区主要位于太行山脉中南部，包括石家庄、保定、邢台和邯郸等 4 市的 24 个县（市、区）。二期工程实施以来，共完成投资 10.75 亿元，累计完成营造林 52.78 万公顷。工程建设取得显著成效，一是增加了森林资源，加快了国土绿化进程。太行山区有林地达到 61.18 万公顷，森林覆盖率为 25.2%，为新中国成立初期的 7.3 倍。二是改善了生态环境，有效减少了自然灾害的发生。山区土壤侵蚀模数由过去的平均 1600 吨 / 平方公里 . 年，下降到现在的 400 吨 / 平方公里 . 年，其中 400 平方公里水土流失最严重的区域得到了根本治理。三是促进了经济发展，提高了人民生活水平。太行山区干鲜果面积增加到 19.34 万公顷，年产量达 315.5 万吨，当地农民人均可增收 350 元。四是促进了旅游业的发展和生态文化建设。太行山区已建立森林公园 30 多处，每年有近 100 多万人次进山休闲旅游，年收入 1.5 亿多元。

沿海防护林体系建设工程

河北省沿海防护林体系建设工程区包括秦皇岛、唐山、沧州市的 15 个县（市、区），海岸线总长 588 公里。“十一五”期间，工程共完成投资 6.44 亿元，累计完成造林绿化面积 7.69 万公顷，在改善沿海地区生态状况，减少自然灾害发生频率，增加区域经济收入等方面发挥了显著的促进作用。一是森林资源明显增加，生态环境明显改善。到 2010 年底，工程区内森林覆盖率达到 20%，有林地面积 28.9 万公顷，分别比 2006 年增加 3 个百分点和 3.2 万公顷。农田林网控制区农业生产条件明显改善，农作物增产 15%~20%。二是促进了经济发展，沿海防护林体系建设，为促进全省沿海地区经济发展发挥了重要作用。建立了一批以金丝小枣、冬枣、苹果等经济林和以速生杨树为主的用材林基地，有力地推动了地方经济发展。

沿海基干林带建设，为滨海旅游增添新亮点。

平原绿化工程

平原绿化二期工程主要涉及石家庄、衡水等 9 个市的 96 个平原县（市、区），是河北省重要的粮、棉、油产区。二期工程共投入资金 35.54 亿元，取得了良好效果。一是森林资源增加，生态环境明显改善。据统计，工程区内有林地面积达到 97.5 万公顷，比 2000 年底增加了 35 万公顷，森林覆盖率增加了 5.4 个百分点，活立木蓄积总量达到 2860.3 万立方米，10 年增加了 1679 万立方米，黄河古道等风沙危害地区农业生产条件和农民生活条件大为改善。二是奠定了林业产业基础，促进了农民增收。平原地区的林木资源快速增长，成为农民增收致富的绿色银行。三是改善了区域形象，产生了较好的社会效益。小城镇绿化步伐加快，招商引资环境优化，人民群众爱绿、植绿、护绿意识不断增强。

1 磁县果品基地柿子喜获丰收
2 享誉全国并获得 2008 奥运会推荐果品一等奖的河北省内丘县的富岗牌苹果
3 临城县核桃苗木基地
4 省名牌产品 —— 临城县绿岭薄皮核桃

1 北戴河区城市周围防护林带

2 全国林业劳模、全国绿化奖章获得者 —— 杜过秋

3 封山育林是加快绿化步伐最科学、最经济、最有效的途径。图为石家庄市封山育林碑

4 背苗上山，绿化太行（涉县）

1 2 3 4

1 驻邢台某部官兵积极参加义务植树活动
2 石家庄市党政军义务植树基地
3 昌黎县沿海防护林（昌黎县团林乡）

04 山西省 SHANXI

山西实施防护林工程建设以来，山西省委、省政府高度重视，广泛发展群众开展植树造林活动，改善生态状况，促进经济发展成效显著。

平原绿化工程

平原绿化工程被列为省级十大造林绿化工程之一，初步形成了“网、带、片、点”相结合的平原地区防护林框架体系。2001~2010 年，工程累计投入资金 7627 万元，已完成通道绿化 1.8 万公里，绿化村庄 10069 个，农田林网折算林地面积 7818 公顷，荒地造林 1.1 万公顷。工程区森林面积达到 17.6 万公顷，森林覆盖率达到 28.7%，比“十五”同期增长 3.9 个百分点，水土流失面积比“十五”同期较少 0.8 万公顷，建成经济林基地 8.4 万公顷，用材林基地 3.2 万公顷。

太行山绿化工程

山西省太行山绿化二期工程涉及大同、忻州等 7 个市的 28 个县（市、区）和五台山森林经营局、太行山森林经营局。二期工程共完成总投资 33154.9 万元，累计营造林 20.4 万公顷，对全省生态状况的改善和维护华北平原的生态安全发挥了极为重要的屏障作用。到 2009 年底，森林面积由 2000 年底的 66.91 万公顷增加到 80.16 万公顷，森林覆盖率由 17.50% 增加到 20.96%；水土流失比 2000 年底减少了 13 万公顷；林业总产值 [illegible]3.3 亿元，为二期工程实施前的 3 倍；农民年均纯收入 4472 元 / 人，其中林业收入 340 元 / 人，比 2000 年增加 1 倍，实现了山绿、民富、产业兴。

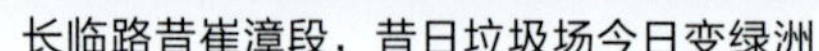

长临路昔崔漳段，昔日垃圾场今日变绿洲

1 2
3 4

1 长子县通道绿化精细管护样板
2 平顺县太行山绿化工程
3 平顺县太行山绿化工程
4 安泽县红叶岭封山育林工程

1
2 3

1 长治县西申家庄村小游园绿化
2 潞城市 309、207 公路改线通道绿化
3 生物能源树种 —— 文冠果

长子县长临路通道绿化

1
2 | 3

1 晋中潇河林带绿化工程
2 长治县林业技术人员现场进行培训
3 平顺县西沟村村庄绿化

05

内蒙古自治区

NEIMENGGU

内蒙古自治区是我国荒漠化较为严重的地区。

长期以来，内蒙古各族人民一直在与沙漠进行着艰苦卓绝的斗争。特别是实施防护林工程建设以来，通过几代人的不懈努力，内蒙古在生态保护和建设方面取得了骄人业绩。全区森林覆盖率由 1997 年的 13.8%. 提高到现在的 17.5%，有 867 万公顷农田和荒漠牧场变到林网保护。

平原绿化

内蒙古自治区平原绿化工程区包括河套平原、土默特平原、乌兰察布高平原、辽河平原等四大平原，涉及 7 个盟（市）20 个旗（县），人口 772 万，总土地面积 608.96 万公顷，覆盖了主要粮食产区。

二期工程建设共完成各项投资 32.3 亿元，已建农田防护林网折算面积 29 万公顷，完成荒沙荒滩荒地造林 78.5 万公顷。工程区森林面积由 2000 年的 260.7 万公顷增加到现在的 364.4 万公顷，净增加 103.7 万公顷；森林蓄积量由 5593.1 万立方米增加到 7998.4 万立方米，净增加 2405.2 万立方米；森林覆盖率由 12.9% 增加到 20.02%。通过平原绿化，水土流失面积得到了有效控制，工程区水土流失面积净减少 27.5 万公顷，极大促进了工程区的产业结构调整和区域经济发展，也为工程区带来了深远的社会效益，增强了人们的生态意识、绿化意识、环境意识。据统计，工程区粮食产量由工程区初期的 68.5 亿斤增加到 2010 年底的 136.75 亿斤，农民年人均纯收入由工程区初期的 1831.7 元 / 年 . 人，增加到 5830.6 元 / 年 . 人；林业产值净增加 2.8 倍。

多伦樟子松基地

坝上

1
3 2

1 人工林
2 农田防护林
3 北京军区部队造林

夏

叉子圆柏

原始林

盘锦市鼎翔集团绿化鸟瞰

辽宁省不断加强“三北”、沿海防护林、平原绿化等重点林业生态工程建设，取得了显著成效。全省林地面积 697.4 万公顷，活立木蓄积量 2.85 亿立方米，森林覆盖率 38.2%。

平原绿化二期工程

辽宁省平原绿化二期工程包括沈阳等 9 个市 33 个县（市、区）。

工程实施以来，完成总投资 44.6 亿元，在生态、经济、社会方面均取得了显著的成绩：到 2010 年，工程区森林面积达到 105.11 万公顷，比工程实施初期增加了 1.94 万公顷；森林覆盖率达到 20.3%，增加了 3.15 个百分点；森林蓄积达到 4000.23 万立方米，比工程实施初期增加了 1098.56 万立方米；水土流失面积减少 39.16 万公顷，许多地方生态状况明显改善，农业生态屏障初步形成。过去一些风、沙、旱、碱等自然灾害严重的地区，如今已绿树成荫，林茂粮丰，特别是在经济较为发达的沈阳、鞍山等地区，基本形成了农田林网化、城市园林化、通道林荫化、庭园花果化。

1 2
3 4

1 盘锦市太平河风光带放生台周边绿化
2 锦州市南山荒山绿化
3 盘锦市鼎翔太平河景区码头绿化
4 锦州市军地领导参加锦凌水库景观林带义务植树活动，左起锦州市市长魏俊星、锦州市市委书记王文权、65631 部队部队长彭勃共同植树

沿海防护林体系建设工程

辽宁省沿海防护林体系建设工程区东起丹东市宽甸县的浑江口，经鸭绿江沿黄海海岸至大连市的旅顺口老铁山，再延渤海岸经辽东湾至葫芦岛市绥中县万家镇孟家屯，大陆海岸线长度为 2292 公里，占全国大陆海岸线总长的 12.7%。工程涉及丹东、大连、营口、鞍山、盘锦、锦州、葫芦岛等 7 个市 20 个县（市、区），其中大连市为计划单列市。工程建设区土地总面积 361.2 万公顷，“十一五” 期间，海防林工程建设完成任务 12.84 万公顷，取得了显著的成效：一是生态效益显著。工程建设区的森林覆盖率达到 35.6%，农田林网控制率 87.5%，沿海防护林体系的生态防护功能进一步发挥，防灾减灾功能进一步增强，城乡人居环境得到明显改善。二是经济效益显著。沿海防林建设加快了林业产业的发展，促进了农村产业结构调整，有效地吸收了农村剩余劳动力，并带动了相关林业产业的发展。三是社会效益显著。沿海防护林工程建设不仅提高了城市的品位和档次，增强了城市的可持续发展能力，还改变广大农民精神面貌，实现了村容整洁，促进了乡风文明。

07

大连市
DALIAN

“十一五”期间，大连全市沿海防护林体系建设工程共完成投资17.5亿元，完成人工造林、封山育林和低产低效林改造面积共8.6万公顷。先后获得“全国海防林建设先进单位”、“全国绿化模范城市”等荣誉称号。

造林绿化为全市经济社会可持续发展构筑了良好的生态屏障，发挥了显著的综合效益。全市森林覆盖率由38.2%提高到41.5%。优美的沿海景观和滨海现代林业模式基本建成，极大地促进了区域经济的可持续发展。到2010年全市林业总产值已达154亿元，年均增长23亿元，农民年人均纯收入由5903元/年提高到12120元/年，农民的生产生活条件得到了极大地改善。全市抵御台风、风暴潮等自然灾害的能力进一步得到增强，人民及社会财产安全进一步得到保障。在2007年“3.4”风暴潮中，高质量的沿海防护林体系建设效果明显体现，在海防林的保护下，有的村一半以上的农业大棚安然无恙，仅此一项减少农业损失10亿元。

金州区沿海防护林

1	2
3	4

1 庄河市沿海防护林
2 旅顺口区岸沿海防护林
3 普湾新区沿海防护林
4 甘井子区沿海防护林

08

吉林省
JILIN

吉林省地处我国东北地区中部，是我国东北老工业基地。东部分布长白山地原始森林，西部分布草原湿地，是吉林省重要的生态屏障；中部为松辽平原，是全国重要的粮食和畜产品生产基地。全省林业用地总面积929.72万公顷，活立木总蓄积量9.23亿立方米，森林覆盖率43.6%。

吉林省平原绿化工程规划范围涉及长春、四平、白城、吉林、通化5市和延边朝鲜族自治州的35个县（市、区），土地面积占全省总土地面积的51.49%。

吉林平原绿化二期工程与“三北”防护林四期工程建设紧密结合，2001~2010年两个工程累计完成造林100万公顷，新建防护林带0.54万公里，改良林带1.69万公里，村屯绿化6538个，治理大小流动沙丘1320个，工程区已基本形成了网、带、片，林、路、渠相结合的区域性的大型防护林体系，风沙危害农田的现象基本得到控制，农业生产环境得到了极大改善，流动、半流动沙丘得到了固定，结束了“沙进人退”和“风起黄沙滚、沙撵人搬家”的历史。

到2010年底，吉林省平原绿化工程区森林覆盖率16.5%，基本农田林网控制率达83.3%。不仅为保证农业的稳产高产提供了重要条件，农作物增产幅度达到15%~25%，年增收粮食33亿公斤，增加牧草产量1亿多公斤。有利地推动了林业产业化和农业、农村经济的发展，为农民增收致富创造了有利条件，促进了老工业基地经济社会的可持续发展。

1 2
3

1 高标准的农田防护林已经郁闭成林
2 德惠市同泰乡村屯绿化
3 农安县公路绿化

1 | 3
2 |

1 农田防护林更新改造有效护佑吉林大粮仓
2 退耕还林有效改善了江河源头的生态状况
3 扶余县围屯防护林

1 吉林省苗木栽植前浸根
2 吉林省严格进行苗木检疫
3 吉林省大力开展种苗繁育研究

09

黑龙江省
HEILONGJIANG

黑龙江省佳木斯市农防林

黑龙江省林业经营面积 3375 万公顷，活立木总蓄积量 15.0 亿立方米，森林覆盖率达到 43.6%。

平原绿化工程

黑龙江省虽然是多林省份，但平原地区一直是省内的贫林地区。省委、省政府加大平原地区林业投入，把“三北”防护林体系建设工程、平原绿化工程和防沙治沙工程作为平原地区的重点工程。

到 2010 年底，平原绿化二期工程工程区总投资累计 18.8 亿元，新建农田防护林网折算林地面积 8.6 万公顷，园林绿化乡镇 281 个，造林绿化面积 3093 公顷，绿化村屯 11026 个，在多方面取得了可喜的成绩，不仅增加了森林面积，保持水土，改善了生态环境，而且又增加了农民的收入，为农村发展提供了重要保障：森林面积由 2000 年底的 1895 万公顷增加到 2010 年底的 2054 万公顷；森林蓄积量增加了 146.43 万立方米。减少水土流失面积 8000 公顷，内涝、干旱等自然灾害明显减少，粮食产量增加了 41.43%。平原绿化工程建设与社会主义新农村建设充分结合，通过休闲广场、生态园、自然风景区、房前屋后等绿化，生活、生产条件逐步得到改善，农村生态文明水平显著提高。

1

2 | 3

1 农垦查哈阳农场退耕还林
2 龙江县荒山绿化
3 尚志国有林场用材林

1 2
3

1 同江市农民采用优质苗木造林
2 林口县莲花水库绿化
3 拜泉县新生乡同双流域水保林

1
2

1 杜尔伯特蒙古族自治县治沙造林
2 杜尔伯特蒙古族自治县飞播造林

明水县村屯绿化

1
2

1 拜泉县营造杨树、樟子松农田防护林
2 大庆市加强林木抚育管护

10

上海市

SHANGHAI

崇明县沿海防护林三星镇段的滩涂造林

上海市位于长江三角洲冲积平原，长江流域防护林体系、沿海防护林体系建设工程包括闵行区、嘉定区、宝山区、浦东新区、奉贤区、松江区、金山区、青浦区和崇明县 9 个区（县）。全市林地面积 9.94 万公顷，森林覆盖率 12.58%，活立木总蓄积量为 364.6 万立方米。

上海市防护林体系工程建设，按照“稳定总量、动态平衡、优化结构、提高效益”的要求逐步推进，全市森林生态网络框架体系基本形成，工程区营造林发展保持良好态势，造林成果得到有效保护，林业产业进一步发展，林业科技取得新的成效。2001 年以来，建设海岸防护林 2801.4 公顷、水源涵养林 8337.5 公顷、通道防护林 8137.4 公顷、防污染隔离林 1467.4 公顷，各类防护林在减少自然灾害损失，改善生态状况、农业生产条件，保护珍稀濒危野生动植物等方面发挥了突出的生态效益、社会效益。

1
2
4 3

1 崇明县农田林网、河道绿化
2 崇明县农村绿化
3 河堤和滩涂池杉、水杉林
4 海湾国家森林公园群鸟欢飞

1 | 2
3

1 青村桃园
2 水上森林
3 嘉定区 2004 年工程造林项目 —— 嘉宝片林

1
2 | 3

1 鸽龙港水源涵养林建设，主要树种为水杉

2 海湾国家森林公园生长繁茂的墨西哥落羽杉林

3 松江区西佘山生态茶园

1 崇明县绿华镇绿港村开展果农培训
2 崇明县庙镇联益村开展农民培训
3 崇明县庙镇联益村对农民培训果树修枝
4 崇明县绿华镇合作农场开展果农培训

金山区万亩设施农田林网

崇明县绿华镇绿港村开展农民培训

金山区吕巷镇蟠桃研究所挂牌成立

11

江苏省
JIANGSU

近年来，江苏省委、省政府从保护生态环境就是保护生产力，改善生态环境就是发展生产力的高度来认识林业、发展林业，大力推进林业生态工程建设，形成了政府积极推动、社会共同关注、全民积极参与的良好氛围，长江防护林、沿海防护林等工程建设不断实现新突破，呈现跨越式的发展。

长江防护林体系建设工程

长防林工程在绿色江苏建设中具有独特地位，在江苏省林业建设和工程区经济建设中产生了深远的影响：

长防林工程是江苏省历史上规模最大、投资最多、实施时间最长的林业生态工程。据不完全统计，2001~2010 年共完成营造林 32 万公顷，封山育林 1.3 万公顷，中幼林抚育 17.9 万公顷，低质低效林改造 5.4 万公顷，完成园林化乡镇建设 14 个、绿化合格村（示范村）建设 13200 个。工程区新增森林面积 127.8 万公顷，森林覆盖率提高了 9.4 个百分点。完成项目总投资 90 亿元。

工程区通过实施人工造林、封山育林、中幼龄林抚育、低质低效林改造、村庄绿化、绿色通道、高标准农田林网等工程，增加了森林资源总量，提高了森林质量，改善了区域气候条件，增强了防灾、抗灾和减灾能力，有效地保护了农业稳产高产，促进了社会经济的可持续发展。

沿海防护林林体系建设工程

2006~2010 年全省沿海防护林工程共完成营造林 23.3 万公顷，封山育林 9445 公顷，低质低效林改造 10.02 万公顷。完成项目总投资 97.6 亿元，工程区有林地面积达到 50.12 万公顷，森林覆盖率提高到 11.84%，显著改善了城乡生态状况，取得了较好的综合效益。

仪征市马集金营村村庄绿化

1	2	3
4		5

1 芜太市运河绿色水廊
2 苏州市吴中区沿太湖水源涵养林
3 宝应市安宜镇西刘堡村农田林网
4 苏州市张家港市常兴社区村庄绿化
5 苏州市吴中区太湖湖滨湿地保护与恢复工程

1 苏州市高新区树山村绿化
2 常州市武进区雪堰镇绿化
3 扬州市凤凰岛、邵伯湖堤岸绿化

12 浙江省

ZHEJIANG

德清县筏头乡群山环绕下的小山村

浙江省“七山一水二分田”。全省林地面积664.46万公顷，森林蓄积量2.04亿立方米，森林覆盖率为60.92%。

平原绿化工程

2001~2010年，全省平原区已完成农田防护林建设9.3万公顷，建设园林化乡镇145个，村庄6544个，累计完成投资32.6亿元。农田林网控制率达到90%以上，水土流失基本得到治理，生态公益林形成规模并初步发挥了整体效益。一是森林资源显著增加。平原地区森林覆盖率由2000年的32%提高到2010年底的39%，森林面积由2758万立方米提高到4166万立方米。二是生产生活环境明显改善。深入开展以“绿色家园”为主题的绿化示范村创建活动，完成村庄绿化14000多个，建成省、市、县三级绿化示范村5393个。三是兴林富民能力逐年提高。实施了竹林、油茶、山核桃等优势特色经济林建设，2010年全省平原区林业总产值达到598亿元，位居全国前列。组织百乡千村兴林富民示范工程建设，全省共建成兴林富民示范乡镇152个和示范村906个。

长江流域防护林体系建设工程

浙江省长江防护林建设涉及长江中下游滨湖平原农田林网、湘赣浙山地丘陵水土保持、天目山山地丘陵水土保持三大综合治理区，建设范围内有52个县（市、区）。2001~2010年工程完成总投资6.53亿元，共完成营造林38.7万公顷。工程森林资源逐步增加，质量显著提升，生态屏障功能日益增强，兴林富民功能逐年提高。

沿海防护林体系建设工程

浙江省委省政府提出“创业富民、创新强省”的总战略，把海防林建设作为推进现代林业发展、加强生态屏障建设、促进经济社会可持续发展的重点工程，以沿海基干林带、平原农区和城镇防护林网、山地丘陵防护林三道防线建设为重点，强化领导，精心组织，创新机制，落实责任，扎实推进，工程建设取得明显成效。一是进一步增强了林业抗灾减灾能力。海岸基干林带和农田林网不断改善，增强了抵御台风、风暴潮的能力。二是进一步改善了城乡生态状况，河道、街道、公园、道路绿化水平显著提高。三是进一步优化了林种树种结构。坚持多树种多林种造林，提高阔叶树或混交林的造林比例，加快低效林分改造。四是进一步促进了当地经济发展。工程实施拉动了种苗、肥料和造林用工等需求，促进了社会就业。

1 开化县长防林封育改造基地
2 海盐县武原镇平原农田林网
3 柯城区花园街道普珠园村河岸绿化

天天有汇源健康每一天

1 云和县城镇绿化
2 江山市峡口镇河岸绿化
3 江山市长防工程水源涵养林

13

宁波市
NINGBO

慈溪市杭州湾南岸防护林带

宁波市地处东海之滨、长江三角洲南翼，东望舟山群岛、南临三门湾、北濒杭州湾，大陆海岸线长968公里，林业用地面积46万公顷，森林覆盖率达50.2%，森林树种资源丰富，是典型的常绿阔叶林分布区。

沿海防护林体系建设工程

“十一五”期间，全市沿海防护林工程建设投资5.2亿，共完成营造林面积2.27万公顷。工程实施取得了显著的成效，一是发挥了强大的生态效益。通过沿海防护林体系工程建设，使全市森林覆盖率由20世纪80年代初的31%，提高到50.2%；森林蓄积量逐年增加，森林的固碳释氧、涵养水源、固土保肥、丰富生物多样性等功能明显增强，抵御台风、海潮的能力不断增强，有效保护了养殖塘、果园与农田，减轻了灾害损失的程度。二是取得了明显的经济效益。2008年林业总产值达到120亿元；建成林特产业基地17.21万公顷，森林公园14处，全市森林旅游效益超过13亿元。三是实现了良好的社会效益。沿海防护林体系建设推进了全市生态文明意识的提高，也提升了城市的对外形象与品位；促进了社会主义新农村建设，为统筹城乡、建设人与自然和谐环境作出了贡献。

1 2

1 余姚市境内的杭州湾沿海防护林
2 鄞州区咸祥镇沿海防护林

1 2

1 慈溪市海防林已初具规模，成为了杭州湾南岸的一道亮丽的风景线
2 象山县大目涂沿海防护林

14 安徽省 ANHUI

宿州市埇桥区朱仙庄镇农田林网建设

安徽省是我国重要的粮棉油产区之一，在国民经济发展中具有重要地位。全省林地面积 440.35 万公顷，森林覆盖率 26.06%。

长江防护林体系建设工程

安徽省长防林工程二期工程在全省范围内全面开展了以恢复和扩大森林植被、实现自然生态良性循环为核心，以遏制水土流失、改善生态环境为目标，建设以防护林为主体、多林种结合、充分发挥三大效益的防护林体系。实行以生物措施为主，生物措施与工程措施相结合，因地制宜、因害设防、综合治理，工程建设取得了显著的成效。2001~2010 年，全省长防林工程建设完成投资 4.24 亿元，共完成营造林 21.1 万公顷。工程区森林覆盖率从 2000 年的 20.1% 提高到 2010 年的 27.53%，林业总产值从 64 亿元提高到 447 亿元，农民林业人均收入从 101 元增加到 634 元；洪涝、干旱、风沙等自然灾害危害显著减少，粮食产量稳中有升。

颍上县迪沟镇安置楼

1
2 3

1 谯城区十八里镇急三道河林粮间作
2 谯城区位岗镇谭楼村农田林网
3 宿州市埇桥区蕲县镇煤矿塌陷区在杨树速生林下养殖白鹅

谯城区十九里镇林下间种

15

福建省
FUJIAN

绿色海疆（东山国家森林公园）

近年来，福建省委、省政府从建设生态文明、改善人居环境，构建和谐社会的高度出发，通过创新体制机制，以平原绿化、沿海防护林体系工程建设为抓手，结合开展非规划林地造林和绿色通道建设，全面推进林业生态建设。

平原绿化工程

2001~2010年，全省共投入资金4.3亿元，完成营造林面积5万公顷，其中荒沙荒滩荒地造林2.33万公顷、农田林网0.4万公顷，并取得显著成效：一是资源总量保持稳定增长。到2010年，全省平原县有林地面积已达70万公顷，森林覆盖率稳定在45.1%，森林蓄积由1039万立方米增加到1196万立方米。二是林分质量提高。通过开展低效林分改造和封山育林，推广阔叶树混交造林和种植名贵树种，混交林比例提高到72.5%。三是乡村绿化水平提高。村庄绿化覆盖率达、河流道路堤岸绿化率、平原地区城市建成区绿化覆盖率大幅提高，人均拥有绿地面积达10.42平方米。四是防护林体系进一步完善。基本建成“带、网、片”相结合，多功能、多效益的森林生态防御体系，对改善平原地区的生态状况、抗御并减轻自然灾害的损失、保障平原地区经济发展发挥了重要作用。

沿海防护林

“十一五”期间，全省防护林共投入建设资金5.575亿元，共完成建营造林面积21.16万公顷，全省沿海地区的森林覆盖率达59.1%，有林地面积为275.6万公顷，在3752公里的海岸线上基本建成“带、网、片”相结合，多功能、多效益的森林生态防御体系，对改善沿海地区的生态环境、抗御并减轻自然灾害的损失、保障农业的稳产高产和人民财产安全发挥了重要作用。

一是林种树种结构得到调整，林分质量不断提高。二是海岸基干林带造林步伐加快，老林带更新难题初步解决。三是红树林发展稳步推进。目前全省红树林已达1.47万公顷。四是沙荒风口治理成效明显据统计，全省44个沙荒风口中，除了个别难度非常大的风口外，大多数已得到了初步治理。五是绿色通道建设初见成效。

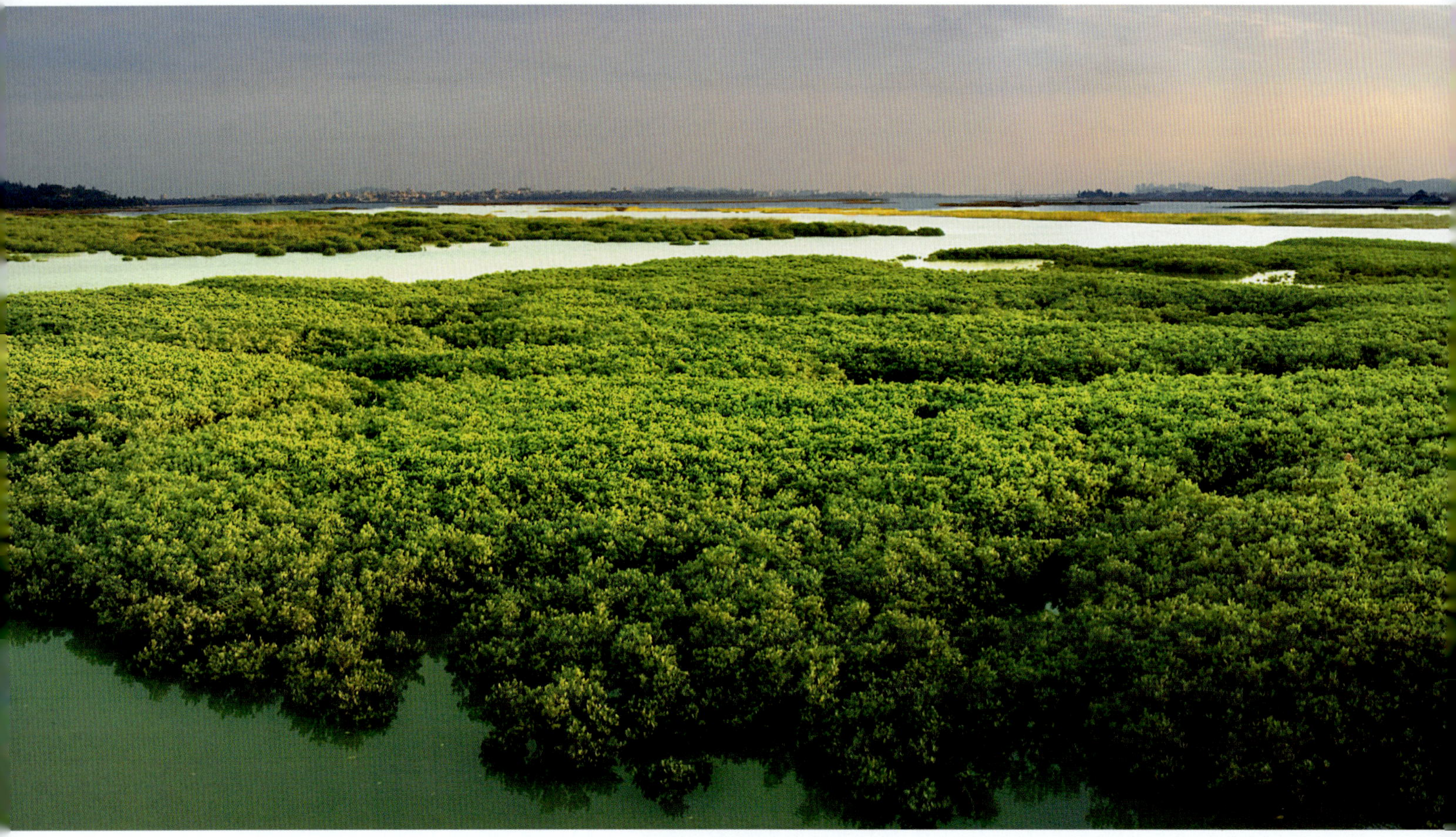

1
2 3

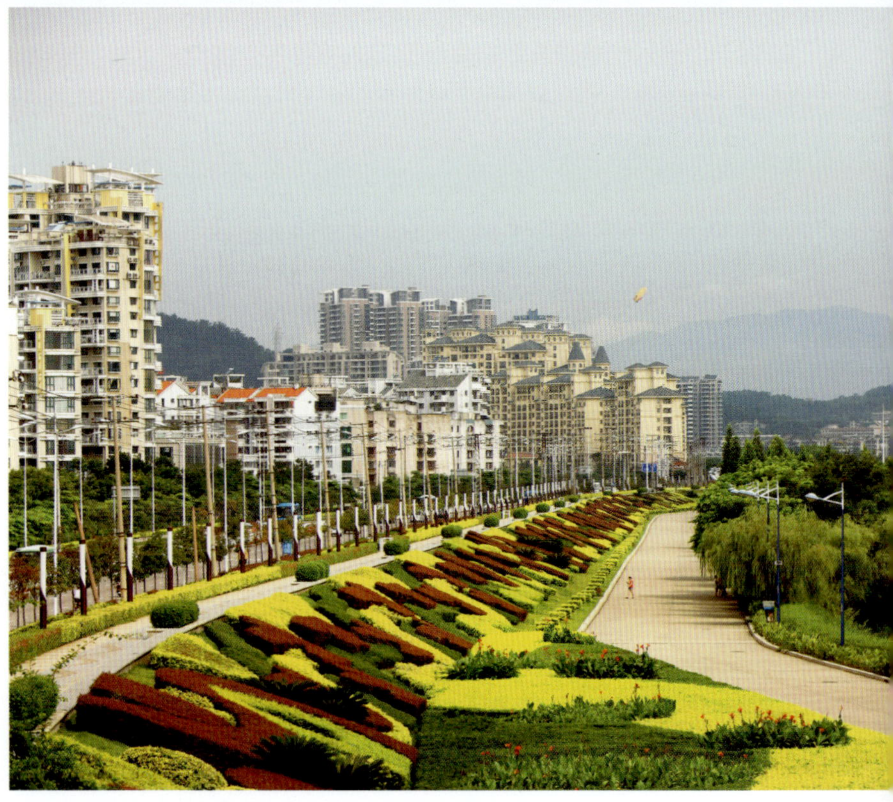

1 泉州湾新造红树林
2 福州市江滨大道绿化
3 长乐市猴屿镇绿化

1 2
3 4

1 绿色渔家，红树林内捕鱼
2 石狮海岸基干林带造林
3 柘荣县防护林工程施工现场
4 长乐市沿海防护林

1 | 2

1 沿海防护林建设组培育苗
2 龙海市沿海红树林造林

16 厦门市 XIAMEN

厦门市沿海防护林工程建设

沿海防护林体系建设工程

厦门市位于南亚热带，属海洋性季风气候，台风和干旱是厦门市的主要自然灾害。沿海防护林体系工程建设，主要包括海沧、集美、同安、翔安4个行政区，林地面积6.82万公顷，大陆海岸线长192.1公里。

“十一五”期间，完成沿海防护林体系工程建设投资3.85亿元，造林绿化面积（含城市园林绿地，道路绿地，村庄绿化、绿色屏障、水土保持林、水源涵养林、旅游区生态风景林）1815公顷。增强了抵御自然灾害和涵养水土的能力，改善了生态景观，净化了空气，增加了就业机会，促进旅游业发展。据2008年统计，森林旅游共接待游客200万人次，实现了旅游收入5000万元。2010年比2005年林业总产值增加1000万元，农民人均年纯收入增加2923元，其中农民林业生产年人均纯收入增加248元。

海沧区东方高尔夫球场沿海人工红树林

环岛路曾厝垵沿海防护林建设

海港城
海港城大酒楼

樟树市黄土岗镇杨树基地

17 江西省 JIANGXI

1
2 3

1 峡江县机械化起苗
2 新建县生米镇专业队造林
3 吉安县平原林业——湿地松基地

江西省地处长江中上游，全省林业用地面积 1072.0 万公顷，活立木总蓄积量 4.45 亿立方米，森林覆盖率为 63.1%。

“十一五”期间，江西省委、省政府把生态建设放在推进全省经济社会可持续发展的高度，全面推进长江、珠江防护林等重点林业工程和本省“一大四小”工程建设。

长江防护林体系建设工程

江西省 2001 年启动了“长防林”二期工程，工程规划建设县（市、区）89 个。10 年来，全省长防林工程项目共投入建设资金 13.28 亿元，共完成工程营造林 33.57 万公顷，占国家下达任务的 122%，取得了显著成效：一是增加了有林地面积。据统计，2001~2010 年全省各工程区新增有林地面积 21.6 万公顷，森林覆盖率增加了 1.4 个百分点。二是林分质量不断提高。林分结构得到优化，林分质量、林地生产力显著提高。三是水土流失初步得到有效遏制。工程区水土流失面积由 2000 年的 352 万公顷下降到 2010 年的 335 万公顷，在一定程度上降低了洪涝灾害的发生频率和危害程度，促进了农业的稳产高产。四是促进了农村经济社会发展，增加了农民收入。为工程区广大农民提供了一个“门前打工”的良好机会，工程区群众通过参加造林、护林，增加了现金收入，为当地群众发展种植业、养殖业、加工业等创造了有利条件，有力促进了工程区的产业结构调整和农村经济的快速发展。据统计，2010 年工程区农民人均年纯收入为 5075 元，是 2000 年的 2.4 倍。

珠江防护林体系建设工程

江西省赣州市是珠江流域三大水系之一东江的源头区，东江途经赣州市的寻乌、安远、定南、龙南和全南 5 个县。

2001~2010 年，全省珠防林二期工程完成总投资 1.01 亿元，营造林建设任务 3.09 万公顷，工程建设成效显著：增加了森林面积和蓄积量，森林覆盖率增加了 2.7 个百分点，针阔混合林比例由 16.1% 提高到 39.9%；水土流失面积比 2000 年减少 34%；依托珠防林工程发展的速生丰产林基地，产值就达 10.58 亿元，农民人均增收 415 元。

1
2 3

1 兴国县永丰乡长防林

2 樟树市吴城乡长防林工程万亩黄栀子（药材）种植基地

3 鄱阳县 2008 年长防林泡桐速丰林

信丰县封山育林前

崇义县高坌林场 2003 年长防林工程项目长流工区 5 – 7 号小班

1 江西云飞实业在赣江滩涂营造的杨树基地
2 南昌县幽兰镇平原绿化
3 泰和县长防林建设工程为林农免费送苗
4 樟树市吴城乡千亩吴茱萸种植基地
5 北京林业大学罗菊春教授考察靖安县“长防林”

1	2	3
4	5	

山东省
SHANDONG

近年来，山东省委、省政府以长江等防护林工程建设为抓手，以发展森林资源为基础，以市场为导向，以森林工贸一体化路子，促进林业经济的全面振兴。

长江流域防护林体系建设工程

山东省长防林二期工程涉及济南、淄博、枣庄、潍坊、济宁、泰安、日照、莱芜、临沂、滨州、菏泽 11 个市地。到 2010 年底，工程区林地面积 222.5 万公顷，森林覆盖率为 25.78%，林木绿化率达 32.25%。二期工程建设期间，完成总投资 13.82 亿元。完成造林 25.6 万公顷，完成规划任务的 105.7%。

工程实施取得了明显的成效：经过二期工程建设，增加森林面积 71.84 万公顷，提高了项目区森林覆盖率 3 个百分点，在涵养水源、保持水土、减少自然灾害损失、改善农业生产条件、治理水土流失等方面发挥了重要作用。粮食等农作物连续八年增收，提高了农民收入。工程的实施，仅造林营林一项可直接解决 2.7 万个农村劳动力的常年就业问题。项目区依托森林资源兴建的林产品经营加工企业近 3 万家。随着产业链的不断延长和产业规模的不断扩大，在解决农民就业、增加农民收入、促进社会和谐稳定等方面将发挥更加突出的积极作用。

桓台县小清河绿化林带

林果科技示范户

1 烟台市养马岛海岸防护林带

2 中区林业局向孟庄镇横山口村核桃专业户韩荣超颁发林果科技示范户奖牌

3 莱芜市莱城区口镇“长防林”工程造林

平原绿化工程

山东省平原绿化二期工程涉及济南、青岛、淄博、枣庄、东营、烟台、济宁、泰安、莱芜、德州、临沂、滨州、聊城、菏泽等 14 市。到 2010 年，二期工程建设完成总投资 36.1 亿元，完成造林 65.2 万公顷。建成防护林网保护农田面积 267 万公顷，基本农田林网控制率达 89%，森林覆盖率达到 25.04%，增长 10 个百分点，林木蓄积量达 8000 万立方米，增长近 40%。工程区林业总产值达 255.2 亿元，农民林业人均纯收入达 645.6 元，仅造林营林一项可直接解决 1.4 万个农村劳动力的常年就业问题。平原绿化为全省农业综合生产能力提高和林业产业发展发挥了重要作用。

沿海防护林体系建设工程

山东省沿海防护林体系工程涉及烟台、威海、潍坊、东营、日照、临沂、滨州等 7 市（青岛为市计划单列市）43 个县（市、区），大陆海岸线长 2807 公里。到 2010 年，工程区林地总面积 153.3 万公顷，森林覆盖率 25.2%。“十一五”期间全省沿海防护林建设完成总投资 41.77 亿元，完成造林 17.6 万公顷，取得了良好的生态、经济和社会效益。改善了沿海地区生态状况，增强了抵御台风、风暴潮等自然灾害的能力。与 10 年前相比，沿海地区活立木蓄积量增加 153.5 万立方米，林业总产值增加了 0.87 倍；农民人均收入增加了 1657.9 元。工程建设吸纳了大量农村剩余劳动力，促进了滨海旅游业发展，改善了投资环境。

3 1
2

1 东营市重盐碱地治理模式 —— 上林下渔
2 沂源县致富桃乡路
3 威海市区东山沿海防护林

1 2
3 4 5

1 日照市苗圃基地工人扦插育苗
2 菏泽市青岗集镇长防林施工现场
3 德州市飞机防治森林病虫害
4 德州市直升机防治美国白蛾
5 德州市专业队防治美国白蛾

19

青岛市
QINGDAO

黄岛区西环岛路

沿海防护林体系建设工程

青岛市地处于山东半岛西南端，海岸线总长度862.64公里。“十一五”以来，青岛市坚持“生态立市”，以迎办“绿色奥运”为契机，大力推进沿海防护林体系工程建设。

到2010年，全市完成投资1.1亿元，累计完成造林5.07万公顷，沿海防护林体系发挥了显著的生态、经济和社会效益。一是生态状况明显改善，防灾减灾能力不断增强。据专家测算，建设沿海防护林体系后，全市汛期河流泥沙含量由每立方米13.47公斤减少到7.54公斤，水土流失面积减少了80%以上。二是促进了经济发展。据测算，沿海几十万亩农田因为得到沿海防护林体系保护，小麦亩产平均增加了14.4%左右；农民依托林下种养、森林旅游，收入大幅增长。三是兑现了绿色奥运承诺，城市核心竞争力不断提升；四是成功创建全国绿化模范城市，基本实现了城市园林化、郊区森林化、道路林荫化、庭院花园化。

1
2 3 4

1 黄岛区银沙滩海岸基干林带
2 胶南铁撅山防护林
3 崂山绿化
4 崂山巨峰林区落叶松林

城阳区丹山防护林

20

河南省

HENAN

新乡市凤泉区

河南省有林地面积为336.7万公顷，活立木蓄积量1.81亿立方米，森林覆盖率20.16%。

长江流域防护林体系建设工程

河南省长江、淮河流域地处河南西南部、南部和东南部，流域面积12.19万平方公里，占全省总面积的73%。

河南省长防林工程建设涉及11个省辖市81个县（市、区）；二期工程共完成投资14.25亿元，累计完成造林33.23万公顷。到2010年，工程区有林地263.21万公顷，森林覆盖率24.69%。森林蓄积增加4348万立方米，森林覆盖率增加7.89个百分点，水土流失面积减少167万公顷，农民年人均纯收入增加2649元，农民林业生产年人均纯收入增加594元。

1 2
3

1 焦作市博爱县寨豁乡退耕还林

2 焦作市国有博爱林场靳家岭林区太行红叶

3 沁阳市白松岭景区

平原绿化工程

河南省平原主要分布在东半部的黄淮海平原和西南部的南阳盆地，涉及 16 个市 94 个县（市、区），是全国重要的粮棉油商品生产基地。

2001 年以来，依托国家和省级林业重点生态工程，平原地区完成造林面积 58.6 万公顷。建成标准化农田防护林网 30.9 万公顷；完成生态廊道绿化 5.03 万公里，完成荒沙荒地造林 10.98 万公顷；共完成 3.51 万个村屯的绿化。2010 年，全省平原地区有林地面积发展到 142.3 万公顷，活立木蓄积量 6685 万立方米，森林覆盖率达到 17.30 %，农田林网控制率和路沟渠绿化率达到 89% 以上。工程的实施，有效地改善生态状况，提高了粮食生产能力；培育了森林资源，提高了木材供给能力；优化了农业产业结构，增加了农民收入，培育了新的经济增长点；改变了农村生产生活条件，促进了社会主义新农村建设。

太行山绿化工程

河南省太行山区位于河南省西北部，属太行山系南麓和东坡，涉及安阳、鹤壁、焦作、新乡、济源 5 个市 20 个县（市、区）。二期工程共完成投资 2.85 亿元，累计完成造林面积 12.64 万公顷，工程建设以来森林植被大幅增加，生态环境明显改善，促进了农民增收，加快了当地群众脱贫致富奔小康的步伐，打造生态旅游品牌，促进山区经济快速发展。

1 2
3 4

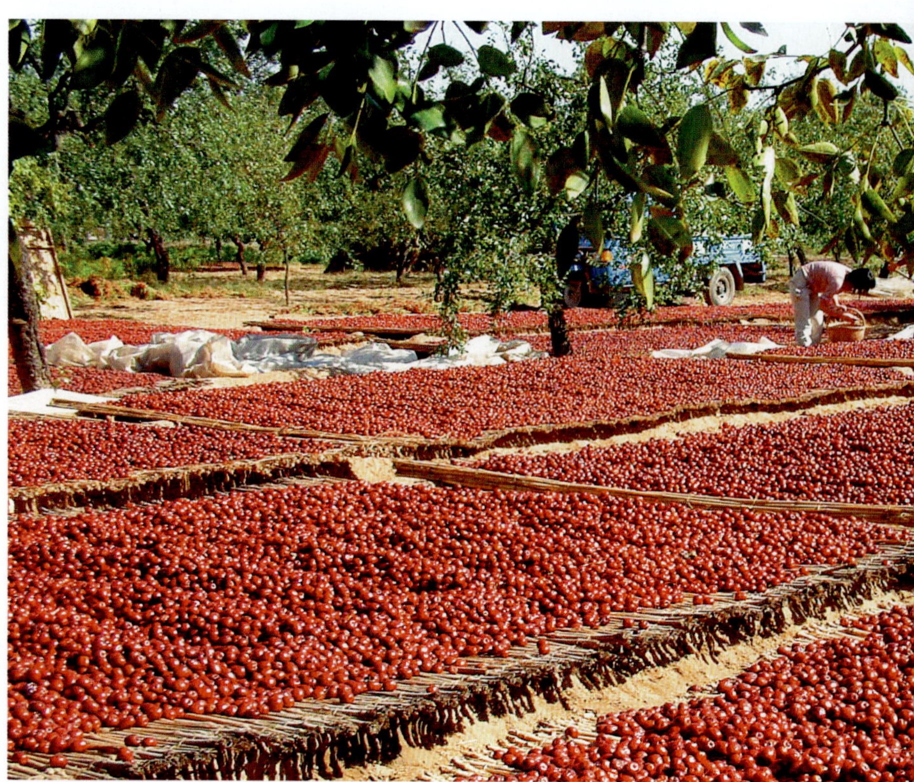

1 安阳市内黄县太行山绿化工程营造经济林（枣）
2 辉县市上八里镇太行山区八里沟绿化
3 淅川长防林工程人工造林
4 郑州市尖岗长庄水库长防林工程 ——水源涵养林

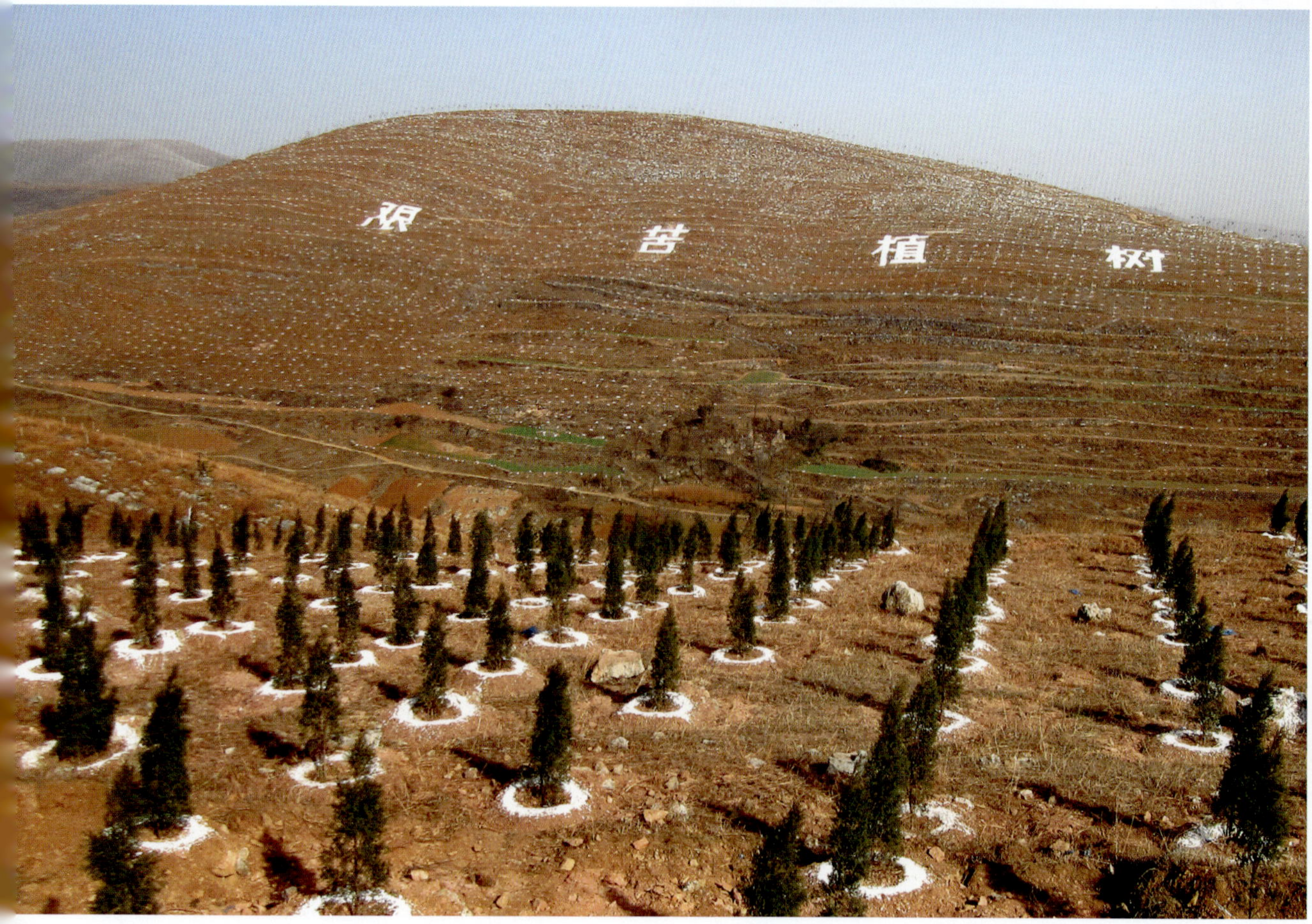

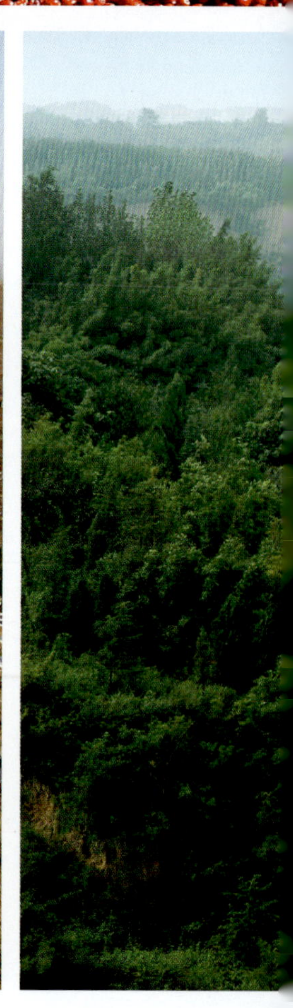

21 湖北省 HUBEI

湖北省位于长江中游，三峡、葛洲坝和丹江口等大型水利枢纽的分布在省内，战略地位十分重要。全省山地占 56%，丘陵和岗地占 24%，平原湖区占 20%，林地面积 849.85 万公顷，森林面积 713.86 万公顷，森林覆盖率 38.40%

长江防护林体系建设工程

长江由西向东贯穿湖北全省，在湖北境内长度达 1061 公里，占长江全长的 16.8%。2001~2010 年，二期工程先后在 84 个县（市、区）实施，共完成投资 8.8 亿元，完成营造林 24.1 万公顷。

长防林工程建设使长江流域的生态环境得到进一步改善，林业的生态、经济和社会效益得以充分发挥。一是加快了生态治理步伐，减缓了水土流失。丹江口项目区水土流失量由每年 869 万吨下降到 696 万吨，土壤侵蚀模数由 5214 吨 / 平方公里 . 年下降到 4210 吨 / 平方公里 . 年；二是增加了森林资源，优化了林分结构。通过实施长防林工程，工程区森林覆盖率提高了 11.6 个百分点，用材林多、纯林多的状况明显改善。三是调整了农村产业结构，促进了农民增收。在长防林工程建设中，初步形成一批特色农林产品及产业带，如罗田、麻城、大悟的板栗，江汉平原的速生杨树，五峰、英山、竹溪的茶叶等，都成为了县域经济的亮点，成为了广大林农兴林致富的重要来源；四是建立健全了林业服务体系，创新了营造林新模式。建立完善了省、市、县、乡四级的林业服务体系，积累了丰富的项目实施经验，培养了大批的林业专业技术人才，有效地促进了林业建设。

丹江口库区封山育林成效

平原绿化工程

江汉平原地处湖北省腹地，由长江与汉江汇合冲积形成，境内土壤肥沃，水资源十分丰富，具有平原林业发展得天独厚的地理优势和自然条件。

2001~2010 年，平原绿化二期工程在湖北省江汉平原 22 个县（市、区）实施，共完成营造林 15.8 亿公顷。取得了良好成绩：一是农田林网不断完善，农业生态屏障作用突出。农田林网控制率由 1998 年的 52.7% 提高到 2010 年的 68.1%，提高了 15.4 个百分点，水稻、棉花、油菜增产明显。二是森林资源培育步伐加快，木材供给能力显著提高。据统计，森林覆盖率由 2001 年的 7.52% 提高到 16.98%，增加了 9.46 个百分。平原地区已成为全省木材供给的主力军。三是促进了产业结构调整优化，富民强县效益日益明显。据统计，平原地区人造板生产能力达到 168 万立方米，占全省人造板总生产能力的 88.4%，拉动木材价格大幅上涨，直接提高农民现金收入。四是绿色家园和通道建设稳步推进，人居环境改善明显。全省共有 100 多个村被评为“全国绿色小康村”。

2009 年 3 月南漳县城关镇李家院村长防林工程杨树基地

1
2 3

1 南漳县武安镇申家嘴村蛮河流域长防林
2 洪湖市戴家场河渠绿化
3 秭归县长防林工程

1 2
3

1 项目营造的有机茶园
2 南漳县蛮河流域护岸林
3 潜江市张金镇河渠造林

咸宁市桂花林场竹林施肥

南漳县林业局科技人员现场培训林农

22

湖南省
HUNAN

长江防护林体系建设

长防林工程建设区在湖南省境内南岭以北的长江流域地区，涵盖湘、资、沅、澧四水流域和洞庭湖区，共13个地级市、1个自治州、108个县（市、区）。

二期工程实施前的2000年全省森林覆盖率为52.44%，10年工程建设，完成造林面积27万公顷，低效林改造1.87万公顷，2010年工程区森林覆盖率增加了4.1个百分点，增加森林面积27万公顷，林种、树种结构得到优化，水土流失面积、土壤侵蚀量总量逐步减少，珍稀濒危野生动植物得到保护。二期工程建设促进区域经济发展、农民增收和农村产业结构调整，加快了生态文明建设。

怀化市长江防护林工程造林地

1
2 3

1 湘西土家族苗族自治州群众积极参与防护林工程建设
2 安乡县林油间作，杨树丰产林下间作油菜
3 长江防护林工程区荒山造林

平原绿化工程

湖南省平原绿化二期工程涉及洞庭湖区为主的岳阳、益阳、常德 3 市 14 个县（市、区）。全省总面积 2118.35 万公顷的 8.26%。二期工程实施期间项目区森林面积净增 8.17 万公顷，增加 21.28%；森林覆盖率提高到 26.62%，增加了 4.67 个百分点，森林蓄积量增加了 39.24%；水土流失面积由 2000 年底的 18.34 万公顷，下降到 2010 年 13.29 万公顷。项目区建设，在涵养水源、美化环境、改善农业生产条件等方面发挥了重要作用。

珠江流域防护林体系建设工程

湖南省珠防林工程二期建设共涉及 11 个县，自 2001 年启动实施以来，共完成投资 2.57 亿元，完成 4.07 万公顷造林任务。工程区森林覆盖率达到 58%，森林面积由 2000 年的 361.3 万公顷增加到 2009 年的 420 万公顷，森林蓄积量由 1.31 亿立方米增加到 1.65 亿立方米。

通过珠防林工程建设，加快了生态防护林体系建设步伐，有力推动了湖南省造林绿化事业的发展，取得了良好的生态效益、经济和社会效益。

1
2

1 隆回县长防林工程造林地，山上部柏木生态林，山下部梨树经济林
2 宜章县珠江防护林工程

23

广东省
GUANGDONG

韶关市珠江防护林

广东是"七山一水二分田"的林业大省。全省林业用地面积1101.6万公顷，有林地面积927.4万公顷，森林覆盖率达56.7%。

沿海防护林体系建设工程

广东地处我国大陆南端，南临南海，是全国海岸线最长的省份。广东省认真贯彻落实全国沿海防护林体系建设会议精神，坚持走以生态建设为主的可持续发展道路，努力构建沿海绿色生态屏障，在探索中前进、在改革中突破、在创新中发展，经过沿海地区人民的共同努力，沿海防护林体系工程建设取得了明显成效。

"十一五"期间，全省完成投资14.47亿元，完成海岸基干林带造林1.19万公顷，以红树林为主的消浪林造林2395公顷，纵深防护林造林12.4万公顷。

经过多年的建设，广东省沿海防护林体系建设日趋完善，其生态、经济和社会效益日渐突出，主要表现在：第一，沿海防护林体系有效地减低了台风等自然灾害的破坏，保护村庄和农田，促进粮食增产增效，保护人民生命财产安全。第二，沿海防护林体系为地方相关产业的发展创造了条件。加快了速生丰产林和经济林的发展，农民就业增收渠道日益拓展，脱贫致富步伐明显加快。

1 增城市大寺坑林场造林
2 沿海防护林工程低效林改造
3 电白县海岸人工红树林

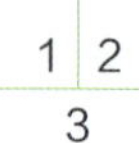

珠江防护林体系建设工程

广东地处珠江流域的下游，珠江流域防护林工程包括 13 个市 66 个县（市、区）。二期工程共投资 5.7 亿元，完成（不含中幼林抚育）造林任务 35.5 万公顷。通过人工造林、低效林改造和封山育林，森林资源显著增加，质量不断提高，森林涵养水源、保持水土功能得到进一步的发挥，为珠江流域生态安全和珠江三角洲及港澳地区饮水安全作出了重要的贡献。

平原绿化工程

广东省平原绿化工程二期建设工程区主要分布在潮汕平原、粤中珠三角洲平原、粤西低丘台地，以及粤北曲江平原，共包括 13 个地级市 38 个县（市、区）。“十一五”期间，已建林网折算林地总面积 1 万公顷，基本农田林网控制率为 82%。

全省平原绿化工程建设改善了农业生产条件，促进了农业稳产高产，增加了木材、林副产品及林产工业产品供应，促进了区域经济发展。

大寺坑林场造林点简介
1、造林面积:1965亩.
2、造林树种:南洋楹、U6、厚荚相思、杂交相思.
3、造林时间:2000年4月.
4、造林措施:
打穴规格:50X50X40CM，株行距:桉2X2.5米、南洋楹3X3米、相思 2.5X2.5米，每穴放2.5市斤有机肥，当年和翌年进行抚育追肥.

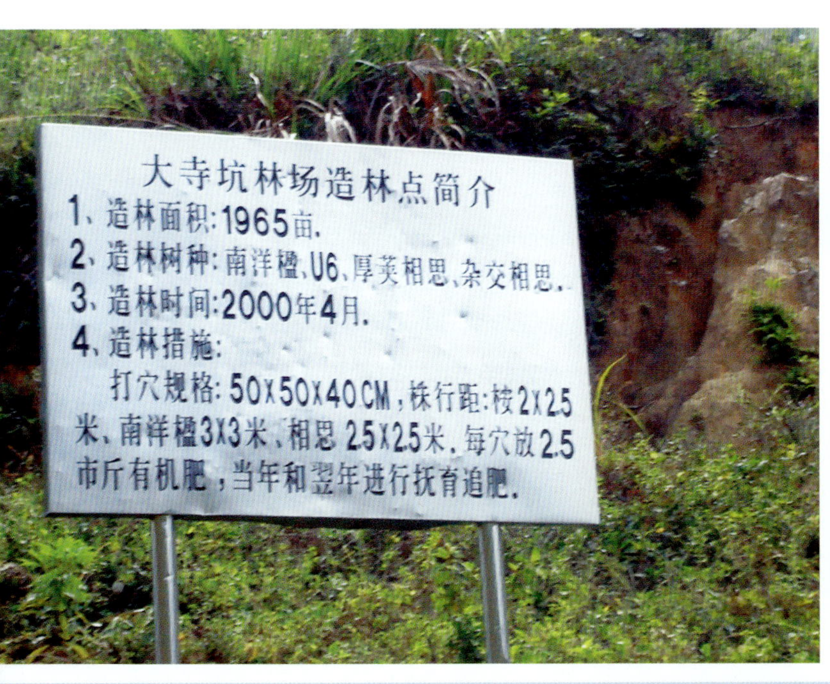

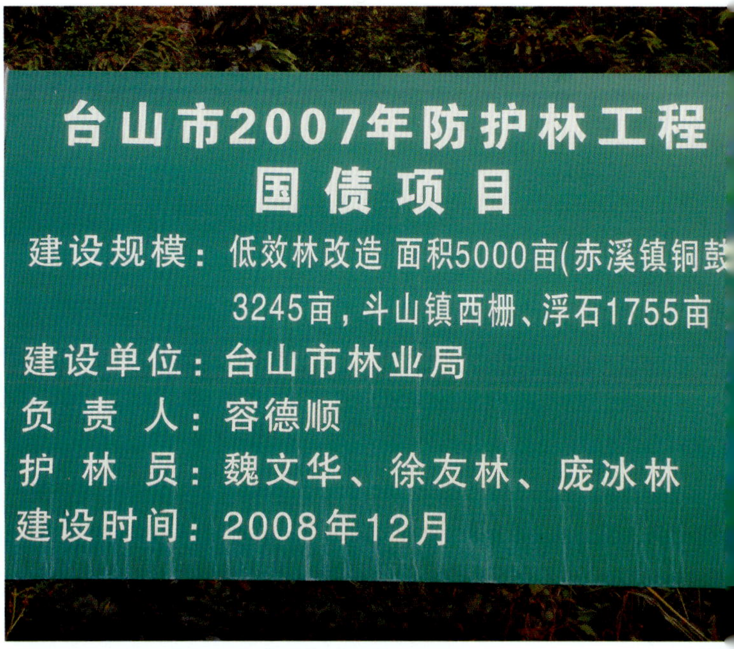
台山市2007年防护林工程
国债项目
建设规模：低效林改造 面积5000亩(赤溪镇铜鼓
3245亩，斗山镇西栅、浮石1755亩
建设单位：台山市林业局
负 责 人：容德顺
护 林 员：魏文华、徐友林、庞冰林
建设时间：2008年12月

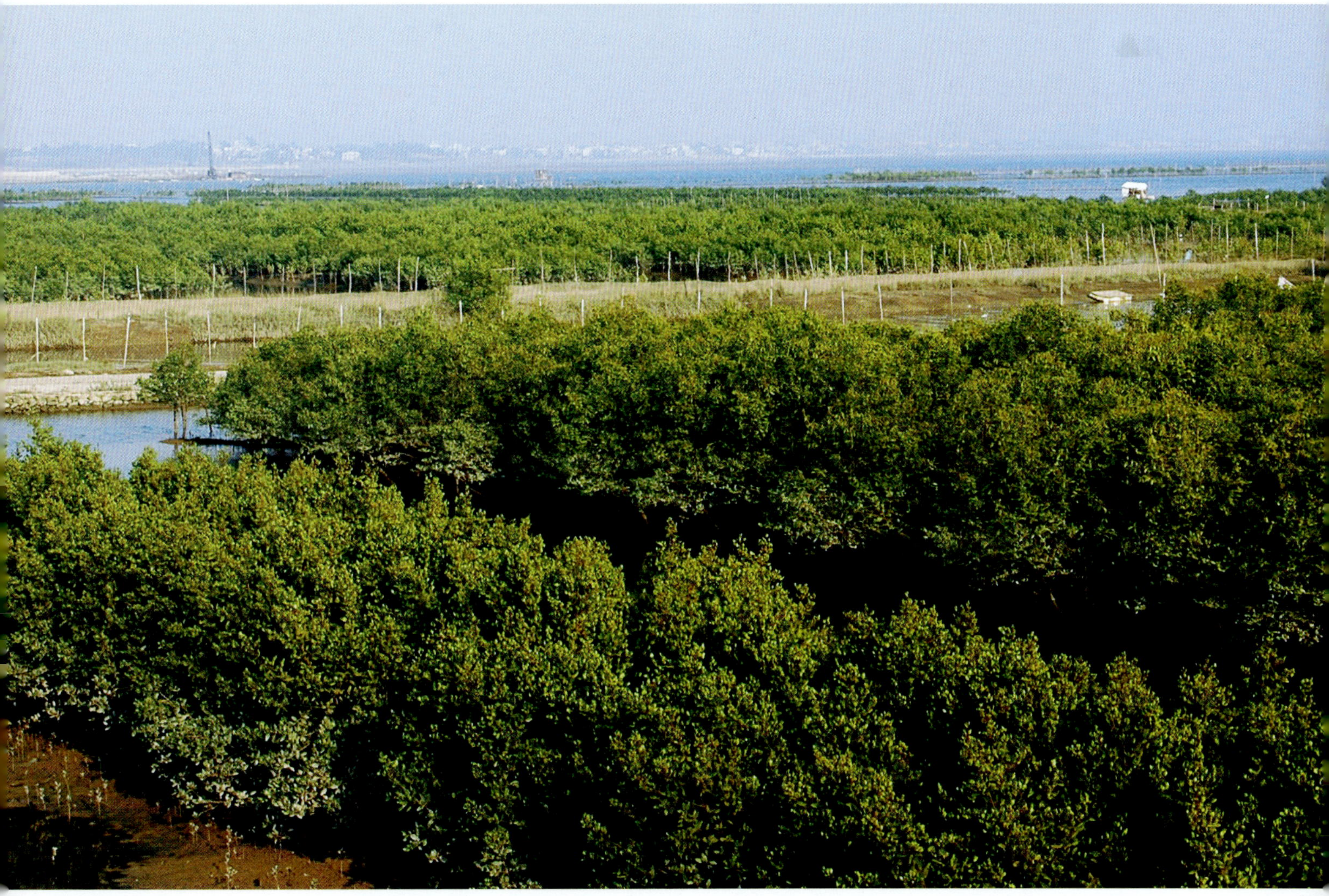

1
2 3

1 清远市珠江防护林
2 从化市流溪河珠江防护林
3 从化市流溪河水源涵养林

24

深圳市

SHENZHEN

南山区海滨公园沿海红树林带

沿海防护林体系建设工程为深圳市提供生态安全保障，从根本上改善深圳市森林生态系统结构和功能，产生了巨大的生态效益；完善城市功能，促进了社会、经济、环境协调发展。

《深圳市沿海防护林体系建设工程规划》包括生态风景林、主干道林相改造、低效林改造和森林抚育以及示范点建设。“十一五”期间，沿海防护林工程完成总投资 8.36 亿元，完成造林和低效改造 1.75 万公顷。主要实施了沿海防护林体系工程中的生态风景林、主干道林相改造和海岸低效林改造三项工程。

龙岗区人民政府 绿化示范点
种植时间：2002年-2003年
种植面积：3000亩
种植树种：千年桐、凤凰木、红荷、枫香
黎蒴、樟树、台湾相思、山乌桕
红苞木、火力楠
责任单位：龙岗区农林渔业局
龙岗区大鹏街道办

施退果还林行动，建设绿色龙华。

1
2 3

1 龙岗区大鹏街道风景林绿化示范点
2 宝安区龙华街开展退果还林
3 龙岗区南澳西冲沿海防护林

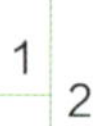

1 宝安区西乡街道沿海公路红树林和麻黄防风林
2 南山区深圳湾沿海红树林带

25

广西壮族自治区

GUANGXI

融水县 2001 年珠防林工程造林成效

广西壮族自治区林地面积 1507.4 万公顷，占全区土地面积的 63.5%。集体林地面积 1400.7 万公顷，居全国第 3 位，仅次于内蒙古和云南。有陆生野生脊椎动物 884 种，是全国野生动物分布较多的省区之一。

平原绿化工程

广西是一个“八山一水一分田”的省区，列入平原绿化建设项目的有 25 个县（区）。

2001~2010 年，广西平原绿化二期工程建设累计完成造林面积 12.4 万公顷，完成绿化投资 8.8 亿元。通过实施二期平原绿化工程，平原区增加森林面积 8.95 万公顷，基本农田林网控制率达到 87.15%，森林覆盖率达到 42.53%，比实施前增加了 5 个百分点。

沿海防护林体系建设工程

广西沿海防护林体系建设工程区位于广西北部湾地区，涉及 5 个市 17 个县（市、区）2 个直属国营林场。到 2010 年底，工程区森林覆盖率 50.07%，活立木总蓄积 6189.09 万立方米。

通过严格、规范的工程建设管理，广西海防林工程建设取得了显著成效，明显改善了局部地区的生态状况，在保持水土、涵养水源、防灾减灾、促进地方经济发展等方面作出了应有贡献，有力地推动了北部湾生态屏障和生态文明示范区的建设。“十一五”期末，全区海防林工程区有林地面积由 2005 年的 123.4 万公顷增加到 139.6 万公顷，增加了 16.2 万公顷；森林覆盖率由 2005 年的 44.56% 提高到 2010 年的 50.07%，增加了 5.51 个百分点。工程区中度以上水土流失面积由 2005 年的 5.13 万公顷减少到 2010 年的 4.91 万公顷，减少了 0.22 万公顷。

红树林是天然的"海岸卫士"
武警北海支队
红海榄

1 钦州市海防林工程红树林造林
2 北海市结合义务植树营造红树林
3 防城港市防城区滩营乡那勇村海防林工程营造的马尾松林

珠江流域防护林体系建设工程

广西地处珠江中上游，境内干流长度 1105 公里，生态区位非常重要。加强珠防林工程建设，不仅关系广西自身的发展，也关系到下游粤、港、澳地区的生态安全和经济社会发展。

广西珠防林工程二期工程规划范围涉及 12 个市 86 个县（市、区）。二期工程建设共投入各种资金 4.15 亿元，完成造林任务 20.53 万公顷，珠防林工程建设取得了显著成效：加快植被的恢复，水土流失明显减少；森林覆盖率显著提高，生态状况得到改善。工程建设区森林面积由 2000 年的 776.6 万公顷增加到 895.3 万公顷，增加 118.8 万公顷。森林覆盖率（含灌木林）由 2000 年的 53.96% 提高到 2010 年的 59.6%；森林蓄积量由 2000 年的 3.16 亿立方米增加到 4.35 亿立方米。在营造防护林的同时，也扩大了名特优经济林和速丰林的造林面积，从而促进了林业产业结构的调整，推动了香料、油料和林浆纸等产业的发展。

1 2
3

1 桂林市阳朔县珠防林工程
2 苍梧县共青林场珠防林工程营造的马尾松林
3 田阳县珠防林工程造林

万宁市春园湾海防林带

海南岛地貌中部高耸，四周低平。500 米以上的山地占全岛面积的 25.4%，100~500 米的丘陵占 13.3%，100 米以下的平原台阶地占 61.3%。

到 2010 年，全省有林面积 207.3 万公顷（其中天然林 65.97 万公顷、人工林 121.93 万公顷、灌木林 19.41 万公顷），森林蓄积量达 1.25 亿立方米，森林覆盖率 60.2%。

平原绿化工程

海南省平原绿化工程建设范围包括海口、文昌、琼海、定安、澄迈、临高、儋州七市县。自 2001 年来，全省平原绿化工程投入资金 56834 万元，先后启动了浆纸林工程和乡镇村屯绿化工程，有力地推动了平原地区的造林绿化事业，10 年来，共完成人工造林 67522 公顷，工程区的森林覆盖率提高了 6.8 个百分点，森林覆盖率达到 40.6 %。林业增加值从 2000 年 10.8 亿元增加到 2010 年的 20.5 亿元，增长 89.8%。农民年人均纯收入增加 5396 元，增长 46.6%，农民林业年人均收入增加 329 元，增长 106 %。造林、爱林、护林成为人民群众的自觉行为，林业作为生态环境建设和国土保安的重要作用到得社会各界进一步的认可，作为承载国际旅游岛建设的生态产业地位得到进一步巩固。

1
2

1 海口市海岸绿化
2 文昌市东郊镇椰林

沿海防护林体系建设工程

海南省是全国唯一的热带岛屿省份。全省 18 个市县全部纳入沿海防护林体系建设工程实施范围，海岸线长 1928 公里。

“十一五”期间，全省沿海防护林工程投入资金 8.9 亿元，实施了海岸基干林带建设及乡镇村庄、厂矿、机关、学校绿化工程，有力地推动了沿海防护林体系建设，5 年来，共营造各类防护林 11.9 万公顷。营造海岸基干林带面积 548 公里，绿化乡镇 117 个、村庄 7672 个，为建设完备的林业生态体系和发达的林业产业体系奠定了基础。

海口市滨海路绿化

1	2	3
	4	

1 文昌市八门湾红树林
2 昌江县海尾镇林瓜轮作
3 昌江县昌化镇沙质海岸造林
4 文昌市海防林带

27 重庆市 CHONGQING

长寿湖水系造林

全市林业用地365.8万公顷，其中有林地223.7万公顷，疏林地52.9万公顷，灌木林地34.02万公顷，未成林造林地14.43万公顷，无林地113.51万公顷，苗圃地0.02万公顷。重庆市长江流域防护林体系一期工程建设为改善全市的生态状况，促进经济发展和农民增收发挥了重要的作用。

1 2
3 4

1 万州区林农攻坚克难，在瘠薄土地上打坑、客土造林
2 巫山长江边（森林工程）高边坡绿化
3 重庆森林工程林苗一体化建设
4 三峡库区柑橘基地建设

树
当

1 2
3 4

1 森林工程打造西部最优人居环境
2 长寿湖水系森林工程
3 长江两岸森林工程
4 2010 年 10 月 12 日，“绿化长江 重庆行动”大型公益晚会，社会各界踊跃捐资

28

四川省 SICHUAN

成都市龙泉驿区黄土镇绿化

四川地处青藏高原东南缘，长江、黄河上游，是全国重点林区。全省林业用地面积 2266.02 万公顷，居全国第 3 位；森林面积 1464.34 万公顷，居全国第 4 位； 活立木蓄积量 16.44 亿立方米，居全国第 2 位；森林覆盖率 30.27%。

长江防护林体系建设工程

四川省 1998 年启动实施天然林资源保护工程，1999 年 启动实施退耕还林工程，全省长防林二期工程整合后融入了“天然林资源保护”和“退耕还林”两大生态工程。

两大工程实施后，工程区的森林覆盖率有了明显的提高，综合效益显著，农业生产环境明显改善，粮食得到稳产高产。林地利用率明显提高，林地的生产潜力得到进一步开发，森林资源数量增长，质量提高，木质与非木质林产品资源生产基地迅速发展，产生了巨大的经济效益。工程建设使广大农村劳动力的就业状况得到了进一步的改善。

平原绿化工程

成都平原区地处四川盆地西部，是我国西南地区最大的平原。全省平原绿化二期工程涉及成都平原的 3 个市 21 个县（市、区）。

随着平原区城市化进程步伐的加快，城乡生态建设的要求越来越高。平原绿化建设抓住发展机遇，实行以城带乡，城乡联动，总体推进，营建了以城市为中心，以道路、水系为绿化骨架，城乡一体化的绿化新格局，逐步实现了城区园林化、乡村道路林荫化、农民庭院花果化，极大地改善了平原区人民的生活环境，逐步满足人们在物质和文化方面的需求。

据统计，成都平原区共有林地总面积 90.05 万公顷，林木覆盖率达到 38.61%，农田林网控制率从 20 世纪 80 年代初的 20% 提高到现在的 95.5%。村镇绿化率为 93%。

成都市青白江区生态绿廊和森林隔离带

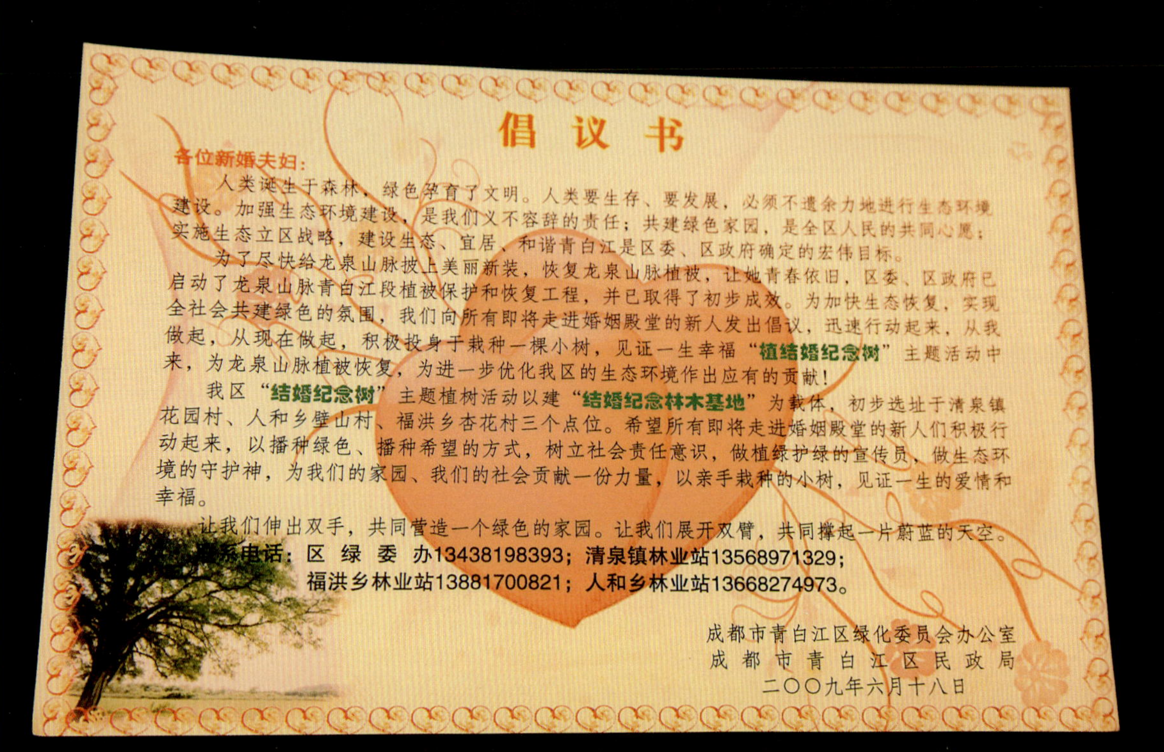

倡议书

各位新婚夫妇：

人类诞生于森林，绿色孕育了文明。人类要生存、要发展，必须不遗余力地进行生态环境建设。加强生态环境建设，是我们义不容辞的责任；共建绿色家园，是全区人民的共同心愿；实施生态立区战略，建设生态、宜居、和谐青白江是区委、区政府确定的宏伟目标。

为了尽快给龙泉山脉披上美丽新装，恢复龙泉山脉植被，让她青春依旧，区委、区政府已启动了龙泉山脉青白江段植被保护和恢复工程，并已取得了初步成效。为加快生态恢复，实现全社会共建绿色的氛围，我们向所有即将走进婚姻殿堂的新人发出倡议，迅速行动起来，从我做起，从现在做起，积极投身于栽种一棵小树，见证一生幸福“植结婚纪念树”主题活动中来，为龙泉山脉植被恢复，为进一步优化我区的生态环境作出应有的贡献！

我区“结婚纪念树”主题植树活动以建“结婚纪念林木基地”为载体，初步选址于清泉镇花园村、人和乡壁山村、福洪乡杏花村三个点位。希望所有即将走进婚姻殿堂的新人们积极行动起来，以播种绿色、播种希望的方式，树立社会责任意识，做植绿护绿的宣传员，做生态环境的守护神，为我们的家园、我们的社会贡献一份力量，以亲手栽种的小树，见证一生的爱情和幸福。

让我们伸出双手，共同营造一个绿色的家园。让我们展开双臂，共同撑起一片蔚蓝的天空。

联系电话：区 绿 委 办13438198393；清泉镇林业站13568971329；
福洪乡林业站13881700821；人和乡林业站13668274973。

成都市青白江区绿化委员会办公室
成 都 市 青 白 江 区 民 政 局
二〇〇九年六月十八日

1 成都市区平原绿化建设——村镇绿化工程
2 成都市青白江区开展形式多样的义务植树宣传活动
3 成都市龙泉驿区平原绿化带动了农村观光旅游的大发展，游客到农家乐休闲，参与耕种和采摘活动

安岳县长防林工程

1 2

1 凉山彝族自治州长防林松树人工造林

2 安县经果林、用材林、竹林综合发展，优化土地利用结构

29

贵州省
GUIZHOU

兴义市万屯镇珠江防护林工程封山育林

贵州省林地面积 877.2 万公顷，森林面积为 703.4 万公顷，森林覆盖率 39.93%。

珠江防护林体系建设工程

贵州省珠江防护林二期工程在 18 个县及 5 个单位实施，2001~2010 年建设完成投资 2.81 亿元，完成营造林 22.6 万公顷。

工程区防护林体系的骨架基本构成，流域内森林资源面积迅速增加，林分结构得到调整，功能逐步完备，生态、经济、社会效益正在逐步发挥，为全省经济社会可持续发展和维护珠江流域生态安全发挥了重要的作用。主要体现在：工程区森林植被得到迅速恢复，森林蓄积量得到大幅度的提高，水土流失得到有效缓解。10 年间，贵州省珠防林工程区内森林覆盖率增加了 5.86 个百分点，活立木蓄积量增加了 312 万立方米；减少水土流失面积 305.62 平方公里；据初步统计，工程区林农的年均纯收入由 2000 年的 1327 元提高到 2009 年的 2541 元，增加了 94.5%；林业产值由 2000 年的 5.3 亿元提高到 2009 年的 88336 万元，增加了 68.2%；珠防林工程建设已迈上了一条生态环境改善、经济快速发展、林农收入增加的“三赢”路子。

1 2
3 4

1 兴义市红星村荒山造林前
2 独山县珠江防护林工程新造竹林
3 2009 年兴义市红星村荒山造林后
4 惠水县断杉镇摆惹村珠防林工程治理石漠化

1
2

1 独山县珠防林工程人工造林

2 三都县珠防林工程拉揽林场人工造林

30 云南省 YUNNAN

昭通市巧家县长江防护林建设

云南省现有林业用地面积 2436 万公顷，有林地面积 1287.3 万公顷，森林覆盖率为 44.3%。

防护林工程

云南全省 94% 为山地，境内河流分属长江、珠江、澜沧江、红河、伊洛瓦底江、怒江等六大水系，是我国乃至国际重要河流的上游或源头，防护林体系建设意义重大。

防护林二期工程以珠江流域为主，2002 年以后逐步扩大到红河流域、澜沧江流域，涉及昆明、曲靖、玉溪、红河、文山、普洱、保山、临沧等 8 个州（市）36 个县（市、区）。2001-2010 年，全省防护林工程共完成投资 5.4 亿元，累计营造林 18.9 万公顷。

工程建设区通过人工造林、封山育林，增加森林面积 17.5 万公顷，森林蓄积量增加 893.98 万立方米，森林覆盖率提高了 10.6 个百分点，防护林建设对工程区涵养水源、保持水土、减少自然灾害损失和改善农业生产条件等做出了重要贡献。为林区开展林下养殖，种植药用植物、食用香料以及野生食用菌等，加快山区农民脱贫致富发挥了重要作用。

1 龙陵县茄子山水库四周防护林

2 昌宁县漭水镇珠江防护林建设封山育林

3 个旧市防护林建设人工造林

1 2
3 4 5

1 龙陵县凉山林场，昔日的荒山变为郁郁葱葱的防护林

2 保山市龙陵县专业扑火队在防护林区巡护

3 保山市隆阳区防护林建设基地

4 龙陵县镇安镇黄草坝防护林繁育基地

5 富宁县防护林建设桉树基地

1 2
3 4

1 腾冲县林业局工程技术人员对农民现场培训
2 龙陵县森防人员在防护林区架设防害虫装置
3 保山市龙陵县镇安良种繁育基地科技人员指导油茶嫁接
4 腾冲县请外国专家指导防护林工程建设

拉萨市堆龙德庆县境内拉萨河护岸林

西藏自治区平均海拔 4000 米以上，自然条件奇特多变，是我国森林植物最丰富的地区之一，在我国生态屏障建设中的地位十分重要。

2001 年起，西藏开始实施拉萨及周边造林绿化工程。工程建设遵循点、线、面相结合， 以自治区首府拉萨市、日喀则地区日喀则市、山南地区泽当镇绿化美化为重点，结合全民义务植树、四旁绿化和“对口支援”纪念林卡的建设，在连接中心城镇的主干公路两旁、主要河流两岸，建立综合防护屏障。

到 2010 年，三地（市）33 个县共完成总投资 8740.9 万元、完成造林 2.12 万公顷。

生态、经济、社会效益逐渐显现。一是造林速度与规模实现了历史性跨越，森林资源增长迅速；二是生态状况逐步改善，风沙危害减轻。三是农牧业生产条件进一步改善，综合生产能力逐步增强；四是促进了农村经济发展和农牧民就业和脱贫致富。

山南地区乃东县境内雅鲁藏布江沿岸防护林

1 山南地区贡嘎县境内雅鲁藏布江沿岸防护林

2 山南地区扎囊县境内雅鲁藏布江沿岸防护林

拉萨市堆龙德庆县境内拉萨河岸防护林

三年栽上树 五年绿起来
全民动手

1 为了拉萨周边早日营造防护林，党政军警民齐上阵参与生态建设
2 曲水县拉萨河两岸防护林

商州区秦岭南坡水源涵养林

近年来，陕西大力培育森林资源，加快建立完备的森林生态体系、发达的林业产业体系和繁荣的生态文化体系，林业建设取得了显著成效。

长江流域防护林体系建设

陕西省长江流域地处秦巴山区，是长江一级支流汉江、嘉陵江和二级支流丹江的发源地，也是全国有名的贫困地区。长期以来，由于人口膨胀、过度开垦、不合理的耕作和森林采伐，该区域森林植被锐减，生态环境严重破坏，水土流失日益加剧，不仅严重制约区域经济的发展，而且威胁着区域的生态安全。

二期工程实施以来，共完成工程营造林建设68.78万公顷，工程区森林覆盖率由2000年的43.06%提高到2010年的55.66%，水土流失得到了有效遏制，初步实现了生态、经济、社会效益"三赢"目标。一是水土流失面积由2001年的434万公顷减少到2010年的110万公顷，河流径流量显著增加，生态状况明显改善。二是经济效益显著增加。林业总产值2010年达到34.69亿元，比2000年17.11亿元，增长了一倍多。农民林业生产年人均纯收入达到657.19万元，比2000年264.65万元，增长了近1.5倍。林农依托林业资源发展林业产业，收入稳步增加，林业产值进入快速增长时期。

1 安康市长江防护林飞播造林
2 山阳县长防林建设
3 西乡县水杉护岸林

平原绿化工程

平原绿化工程是陕西省生态建设的重要组成部分，在保护农田、解决“三农”问题和建设社会主义新农村中发挥了重要作用。

陕西省平原绿化工程涉及渭南、西安、咸阳、宝鸡、汉中市和杨凌示范区的 40 个县（市、区），耕地面积 144.1 万公顷。到 2010 年，全省平原、半平原区有林地面积 59.23 万公顷，蓄积 2469.6 万立方米，森林覆盖率已由 1987 年的 9.8% 提高到 2006 年的 11.1%。

平原绿化工程取得了显著成效：一是农业生产条件和人居环境得到明显改善。二是社会效益初步显现。优化了投资环境，吸引了国内外知名企业投资。三是各地依据区域优势发展各具特色的经济林、速生丰产用材林，带动了经济林果、木材等林产品加工业、储藏业的发展，优化了农村产业结构，开辟了农民致富增收的新途径。

嘉陵江源头水源涵养林

1 洋县长防林工程荒山造林
2 旬阳汉江边人工造林

33 甘肃省 GANSU

陇南市宕昌县阿坞乡退耕还林

甘肃省长江流域防护林体系建设工程涉及陇南山地，包括陇南、甘南、天水3个市（州）的12个县（区）。

2001~2009年，工程区共完成营造林面积45.01万公顷，造林速度和规模达到了该地区历史最高水平，一批重点和骨架工程初步建成，产生了显著的生态、社会和经济效益。工程区内森林覆盖率由工程建设前的23.17%提高到28.1%，森林面积由57.15万公顷增加到72.5万公顷，活立木蓄积量由1139.8万立方米增加到1322.3万立方米；水土流失面积由101.1万公顷减少到83.16万公顷。森林资源显著增加，林分质量明显提高，生态状况明显改善，为区域社会经济可持续发展创造了良好的条件。工程区内以林为主的多种经营产值增长了近5倍，粮食总产量由8.6亿公斤增加到11.0亿公斤，农民人均纯收入由1383元增加到2035.5元。许多过去致富无门的山区群众，依靠林果业生产摆脱了贫困，走上了富裕之路。

1 陇南市两当县群众积极参与造林
2 文县把生态建设与增加农民收相结合，引导农民群众栽植核桃林
3 徽县已实施的退耕还林
4 天水市秦州区林业生态工程 ——人工造林

1 2 3
4

1 2 3

1 康县护林人员喷药防治病虫害
2 岷县鱼鳞坑整地栽植云杉
3 陇南市文县丹堡乡蒲池村，县林业局技术人员向农民现场培训造林技术

青海省位于青藏高原东北部，东西长约 1200 公里，南北宽 800 公里，面积为 72 万平方公里，是长江、黄河的发源地。全省林地面积 634 万公顷，活立木总蓄积量 6008.95 万立方米，森林覆盖率为 4.57%。

青海省长江流域包括玉树藏族自治州的玉树、杂多、治多、称多、曲麻莱 5 县，果洛藏族自治州的班玛、达日、久治 3 县、省属玛可河林业局，流域总面积 18.8 万平方公里，居住着藏族、汉族、回族、撒拉族、土族等民族，以畜牧业生产为主，兼有少量种植业。

2001~2010 年，长防林工程结合退耕还林、天然林资源保护、三江源国家级自然保护区建设等林业工程，开展了人工造林、封山育林、沙漠化治理及湿地保护等生态建设，共完成营造林近 25 万公顷，工程区森林资源逐步增加，生态状况得到显著的改善。2010 年工程区有林地面积达到 4.8 万公顷，森林覆盖率提高到 3.1%，活立木总蓄积量达到 651.3 万立方米。

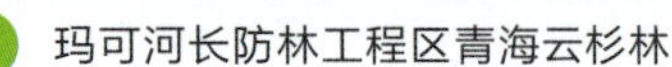

玛可河长防林工程区青海云杉林

34 青海省 QINGHAI

1 玛可河长防林工程苗圃基地
2 玛可河长防林工程区人工造林
3 长防林工程区玛可河业局场部
4 玛可河长防林工程区开展森林旅游
5 班玛县宣传生态保护，发放宣传资料

大力宣
源安全 建设良好的生态环境

35

宁夏回族自治区

NINGXIA

宁夏贺兰山东麓酿酒葡萄基地

1 外国专家考察宁夏林业生态建设
2 彭阳县林下养殖
3 六盘山水源涵养林

宁夏地处我国西北地区、黄河中上游，山区、平原面积分别占 59%和 41%，年平均降雨量为 200~600 毫米，自然条件较为恶劣。发展林业、治理荒漠化、改善生态状况，始终是宁夏经济社会发展中一项带有全局性的重大问题。

平原绿化二期工程

银川河套平原包括黄河冲积平原和贺兰山洪积平原，涉及银川市、石嘴山市、吴忠市及中卫市 13 个县（市），2001~2010 年共完成营造林 55 万公顷，累计治理沙化土地 47 万公顷。通过平原绿化工程二期的建设，全区河套平原有林地面积由 40.4 万公顷增加到 59.5 万公顷，森林蓄积量由 392.9 万立方米增加到 778.7 万立方米，森林覆盖率由 7.8% 增加到 11.4%，粮食产量由 252.7 万公斤增加到 340.7 万公斤，林业产值由 3.11 亿元增加到 8.38 亿元，农民人均纯收入由 1724.3 元增加到 4048.3 元。促进了区域生态状况改善。沙化面积由 20 世纪 70 年代的 165 万公顷减少到 118 万公顷，实现了沙化土地治理速度大于扩展速度的历史性转变。枸杞、葡萄、红枣等优势经济林产业已形成区域化、规模化、产业化的发展态势，成为农业产业结构调整的重点、农村经济新的增长点和农民增收的重要途径。

1 白芨滩保护区草方格阻挡沙漠的蔓延
2 引黄灌区防护林建设
3 盐池防护林工程围栏封育

36

新疆维吾尔自治区

XINJIANG

乌鲁木齐市城市绿化

新疆地处中国西北边陲，总面积 166.49 万平方公里，周边与俄罗斯、哈萨克斯坦等 8 个国家接壤，是中国面积最大、陆地边境线最长、毗邻国家最多的省区。新疆还是一个多民族聚居的地区，共有 47 个民族，少数民族人口占 60%。

林业在新疆经济社会发展中具有特殊地位和作用，承担着维护生态安全、发展林业产业、建设生态文明三大战略任务。新疆森林资源主要由山区天然林、绿洲人工林和荒漠河谷天然林三大部分组成。全区林业用地面积 1066.6 万公顷，森林面积 661.7 万公顷，活立木总蓄积量 3 亿多立方米，森林覆盖率 4.02%，绿洲地区森林覆盖率 23.5%。

自治区各级党委、政府高度重视林业建设，紧紧围绕中央关于西部大开发战略的部署，带领各族人民，动员全社会力量，大力推进防沙治沙、“三北”防护林、平原绿化等重点林业工程建设，取得了显著成效。

平原绿化二期工程完成造林工程 53.5 万公顷，其中新建防护林带 11.6 万公里，园林化乡镇建设 13905 个，已有 12 个地（州）市 82 个县（市）基本实现农田林网化，95% 的农田受到林网的有效保护，一个以农田防护林、大型防风固沙基干林带和天然荒漠林为主体，多林种、多层次、乔灌草、网片带相结合的综合防护林体系已初步建成，荒漠化扩展的势头得到遏制，农牧业生产条件和人民群众生活环境大为改善，不断壮大的特色林果业为促进地方经济发展和农牧民致富增收发挥了重要作用。

2
1 3 4

1 道路防护林
2 塔里木胡杨林
3 阿克苏地区绿化造林
4 塔克拉玛干沙漠公路绿化

37 新疆生产建设兵团

XINJIANGSHENGCHAN JIANSHEBINGTUAN

阿勒泰地区新农村绿化

新疆生产建设兵团1954年组建，分布在塔克拉玛干沙漠和古尔班通古特沙漠的周边，现有13个农业生产建设师、1个建筑工程师，175个农牧团（场），总土地面积746万公顷，林业用地面积201万公顷，活立木总蓄积量2526.7万立方米，森林覆盖率5.41%，是我国生态建设最紧迫的地区之一。

在广大兵团干部群众艰苦努力下，垦区平原绿化与“三北”防护林、退耕还林等重点林业工程紧密结合，取得了令人敬佩的成绩。2001~2010年新建防护林带46959公里，改良林带6931公里，荒地造林面积5.1万公顷，建设园林化乡镇（兵团营部）170个，绿化村屯（连队）824个，171个平原农牧团场基本实现了农田林网化，一个以农田防护林、大型防风固沙基干林带和天然荒漠林为主体，多林种、多层次、乔灌草、网片带相结合的综合防护林体系初步形成，极大地改善了区域生态状况、农业生产条件、职工生活环境，建成了一批红枣、桃、葡萄、香梨等特色林果业基地，增加了职工和林农的经济收入，推动了兵团经济快速的发展。

阿勒泰市公路绿化

1 石河子市城市绿化
2 库尔勒市城市绿化
3 和田地区治沙造林

后记

长江等防护林重点工程建设是改善生态环境、减少自然灾害、拓展生存空间的战略需要，是促进区域经济发展、加快农民脱贫致富、实现经济社会可持续发展的战略需要，是维护国土生态安全，建设生态文明的需要，是一项惠及亿万人民的民心工程，对于发展现代林业，加快建设完善的林业生态体系、发达的林业产业体系和繁荣的生态文化体系具有十分重要的意义。为了衔接和配合长江等防护林重点工程三期建设，进一步做好三期工程的宣传工作，我们组织编辑出版本画册。

本画册以图片形式记录了几大建设工程波澜壮阔的艰苦历程，反映了工程建设的斐然成就，令世人瞩目。

本画册的编辑出版，得到了全国各级林业部门的大力配合与支持，在此表示诚挚的感谢。并借此机会，衷心感谢长期以来对我国长江等防护林重点工程建设工作给予热忱关心、大力支持的各界人士！

由于水平有限和时间仓促，在编印过程中难免有疏漏和不足之处，敬请批评指正。

国家林业局造林绿化管理司

2012 年 11 月

图书在版编目(CIP)数据

绿化祖国山河　构建生态屏障：长江流域等重点防护林体系建设工程二期成就 / 国家林业局造林绿化管理司编 . -- 北京：中国林业出版社，2012.11

ISBN 978-7-5038-6823-8

Ⅰ . ①绿… Ⅱ . ①国… Ⅲ . ①长江流域－防护林带－生态环境建设－成就 Ⅳ . ① S727.2

中国版本图书馆 CIP 数据核字 (2012) 第 261487 号

地址　中国林业出版社 (100009 北京市西城区德内大街刘海胡同 7 号)
E-mail lucky70021@sina.com
电话　010-83283569
发行　新华书店北京发行所
版次　2012 年 11 月第 1 版
印次　2012 年 11 月第 1 次
开本　880mm × 1230mm　1/16
印张　23.5
字数　500 千字
定价　398.00 元